物理の眼で見る
生き物の世界
―バイオミメティクス皆伝―

工学博士 望月 修 著

コロナ社

はじめに

「なんのために数学や物理を習っているのだろう」と，だれしも疑問に思ったことはあるでしょう。日常生活の中では，買い物のときの勘定ができればよいし，ものを持ち上げたり走ったりするときに物理を考えることはないし，料理をするときに熱量計算をするわけではないし，動物は運動力学なんて知らずに勝手に走っているし，太陽の光は暑いだけだし，欲しいものはお金を出せばなんでも買えるし，などとネガティブシンキングをするものです。でも，この本を手にしたあなたは，目的もわからずに数学や物理を習うのはつらいという状況から，なにか光を見出したいと少しでも前向きな気持ちを持っている人なのだと思います。本書を開くと，身近にあるものが数学という道具で輝き出したり，物理という道具で動き出したりするイリュージョンに引き込まれるはずです。世の中がいままでとはまるで違って見えるようになります。

本書では，生物は生物学，物理は物理学といったようにそれぞれを別物とせずに，例えば，物理学を使って生物を見るとどのようにみえるのかといったことを体験していきます。このいわば物理メガネを通じて物事を見ると，いままでつまらなくみえていたものが意味のあるものにみえたり，一つの使い方だけしかわからなかったものが別な使い方もできることがわかったりします。また，世の中の仕組みまでもみえるようになります。いままで学習してきた学問をこんなところに使ってみようかという気持ちがわいてきたら，しめたものです。本書を手に取ったあなたはポジティブシンキング人間になれるでしょう。

水族館で鼻先をぶつけてけがをしている魚を見ることがあります。一方，家庭の水槽で飼っている小さな熱帯魚では鼻先をぶつけたものを見たことはありません。どちらも透明な入れ物に入っているので，ぶつかるのは壁が透明で見えなかったというのが理由ではないかもしれません。これらの違いからぶつか

らない方法を見出せたら，車の衝突回避に使えるかもしれないといったように，身の周りのちょっとしたことにヒントを見出し，工学に応用できる考え方をすること，それが本書のバイオミメティクスです。

　生物がどのように地球環境と共生してきたのか，どのようにうまい方法で移動するのかといった，生き残り戦略を真摯に彼らから学ぼうというのです。本書では，工学的観点から生物運動および機能を見直し，それをどのように解釈し，どのように応用できるのかといったものの考え方をそれぞれの項目ごとに示しています。生き物は，われわれを取り巻く空気や水をうまいやり方で利用しています。

　本書は大きく三つに分類されています。第一部では機械的運動（1章：泳ぐ，2章：飛ぶ，3章：走る），第二部では機能と形体（4章：植物，5章：環境変化と形），第三部では擬態・視覚効果（6章：擬態，7章：表現）です。さらに，8章では人類が進む方向性に関して物理学的に考えてみます。全体を通じてバイオミメティクスの具体的応用例を学び，動・植物の運動にかかわる物理学から応用方法を学び，人類が生き延びる方法を考えます。

　また，各章はそれぞれ　① なにがしたいのかという目的を明確にし，② 生物のなにをどのように観察し，③ それをどのような簡単なモデルで表現し，④ 工学的に考えてみるという視点で構成されています。自分の興味のある章から読んでみてください。生物の運動・機能が工学で学ぶどの学問に対応しているのかを知ることで，これから将来直面する問題にいかに対応できるかという応用力を身につけられるはずです。モデル化して物を考えるスキルを身につけることが本書の目的です。

　本書の刊行に関しては，コロナ社に多大なご協力を頂きました。また，イラストは，東洋大学理工学部生体医工学科4年の村上優依さんが描いたものです。本書の内容のほとんどは研究室の研究によるものです。かかわった多くの方々の協力に感謝の意を表します。

　2016年1月

望月　修

もくじ

気づくことのたのしさ ——————————————— 1

1章 水の粘っこさをどうするか
- 1.1 水を蹴って泳ぐカエル ——————————— 4
- 1.2 魚の尾ひれが生み出す力 —————————— 8
- 1.3 魚の表面 —ぬるぬるとざらざら— ————— 12
- 1.4 高速で泳ぎ続けるマグロ —————————— 16
- 1.5 波を立てない形 —イルカとカワセミ— ——— 20

2章 より上手により遠くへ飛ぶ
- 2.1 風に乗るタンポポ，風に舞う木の葉 ———— 26
- 2.2 ムササビのグライディング ————————— 30
- 2.3 空を飛ぶための翼・羽 —————————— 34
- 2.4 推進力を生む羽ばたき —————————— 38
- 2.5 飛び続ける渡り鳥 ———————————— 42

3章 地上を上手に駆けまわる
- 3.1 チーターのダッシュ ——————————— 48
- 3.2 ダチョウの走りとマラソン ————————— 52
- 3.3 垂直な壁に張り付くヤモリ ————————— 56
- 3.4 地面を足でつかむ ———————————— 60
- 3.5 カレーライスでどのくらい走れるのか？ ——— 64

4章 植物が生き延びてきた術

- 4.1 植物の水の吸い上げ ……… 70
- 4.2 植物がしている運動 ……… 74
- 4.3 熱を発するザゼンソウ ……… 78
- 4.4 棘でくっつくオナモミ ……… 82
- 4.5 水を弾く葉っぱと花びら ……… 86

5章 形は環境がつくっている

- 5.1 水中で暮らすとどうなるのか ……… 92
- 5.2 自然にみられる綺麗な形 ……… 96
- 5.3 自然な形「フラクタル」……… 100
- 5.4 ウイルス・微生物にみる多面体 ……… 104
- 5.5 生き物のアピール力「内在力」……… 108

6章 似ている？ 似せている？

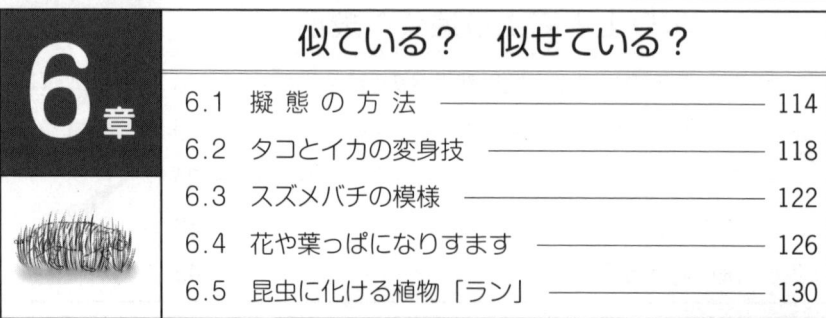

- 6.1 擬態の方法 ……… 114
- 6.2 タコとイカの変身技 ……… 118
- 6.3 スズメバチの模様 ……… 122
- 6.4 花や葉っぱになりすます ……… 126
- 6.5 昆虫に化ける植物「ラン」……… 130

7章 みえるもの，みせたいもの

- 7.1 見えていること ……… 136
- 7.2 魚の色，昆虫の色，鳥の色 ……… 140
- 7.3 美しい形の秘密 ……… 144
- 7.4 美しくみえる化粧 ……… 148
- 7.5 求愛ダンス ……… 152

8章 これまでとこれから

- 8.1 ティラノサウルスは立って歩けたのか？ —— 158
- 8.2 絶滅に追いやるエネルギー
    現状から這い上がるエネルギー —— 162
- 8.3 未来を予測する―繁栄か絶滅か― —— 166
- 8.4 進む方向「未来予測」 —— 170

あとがき —— 176

索引 —— 177

気づくことのたのしさ

　私たちが普段歩いたり走ったりするときに物理がどうのこうのなどと考えることはありません．しかし，もっと速く走りたいとか，楽に移動できる乗り物を作ろうとなった途端に，この坂道を滑らないで登るにはどうしたらよいのか，鳥のように空を飛ぶにはどうしたらよいのか，魚のようにすいすいと水中を移動するにはどうしたらよいのか等を考える必要が出てきます．

　身の周りの乗り物は人工物で人が動かすものですが，その運動は自然の法則に従います．どのような力がどのようにそのものにかかっているのかを知ることが運動を知ることです．これを応用するためにはエネルギー，環境，化学，制御，センシング，ネットワークなども考えなければならないでしょう．

　生体に適用するものであれば，生体との適合性や生体機能のことも考えなければならないでしょう．特にこれからの時代，健康・医療にかかわる工学の果たす役割が重要となります．しかし，これらの知識がばらばらに存在しているようでは役に立たないので，実際に活動している生物の適用方法を通じてこれらをどのように使えるのかを学び応用（バイオミメティクス）しようというのです．バイオミメティクスの方法とは，目的に応じた対象生物をよく観察し，本質をうまく表せるモデル化を行い，物理・工学的に考え，実現することです．

　このページに続く各章には，生き物はこうやって動いていたのか，こんな巧みな技を使っていたのか，こんな仕組みで生きてきたのか，といった驚きにあふれたことが紹介されています．また，こうやって見てみるとこんなふうにみえるのかとか，数学で表すことがこういう意味があったのかといった発見があります．生物と物理が織りなすファンタジーの世界を楽しんで下さい．

1 水の粘っこさをどうするか

◆素材：カエル，マス，サメ，マグロ，イルカ，カワセミ
◆道具：流体力学，幾何学

☐ 魚のおよぐ速さは

マスやスズキくらいの大きさの魚であれば，普通に泳ぐと0.5〜1m/sくらいの速度です。マグロ（図1.1）くらいの大きさの魚では2m/sくらいです。イルカやクジラも含めて，遊泳する生物の速度はおおよそ1秒間に体長分進む速度だといえます。人間でも，現在のトップスイマーは100mを約50秒で泳ぎ，2m/sですから，やはりほぼ身長分を1秒間で進む速度です。ただ，魚との違いは，人間はめいっぱい頑張った結果の速度です。水の中を自由に泳ぐ魚の遊泳方法の秘密を本章では明らかにしていきます。

図1.1　マグロ

☐ 慣性力の世界で泳ぐのか，粘性力の世界で泳ぐのか

マグロの尾ひれは三日月型で断面は翼型をしているのに対し，マスのような川を力強く遡るような魚の尾ひれは三角形の板状のものです。このように，泳ぐ生物の大きさや遊泳速度等の違いによって，身体つきや遊泳方法に違いがあります。

普通，泳ぐときの周囲流体は水です。水の密度 ρ，粘度 μ，動粘度 ν（$=\mu/\rho$）を，空気と比較して表1.1に示します。水は空気に比べて粘度が高く，粘っこいといえます。また，粘度を密度で割って得られる動粘度は，粘性力に相当し，流体が流れているとき，もしくは流体中を物体が移動しているときに作用する摩擦抵抗力を表しています。流体の動きやすさや動きにくさを表す慣

表1.1 水と空気の物性値（1気圧，20℃）

	密度 ρ 〔kg/m³〕	粘度 μ 〔Pa·s〕	動粘度 ν 〔m²/s〕
水	998.2	1.002×10^{-3}	1.003×10^{-6}
空気	1.204	1.822×10^{-5}	1.513×10^{-5}

性力と流体の摩擦抵抗力の比をレイノルズ数といい，流れの性質を表す指標となります。

例えば，体長 $L=1$ m の魚が $U=1$ m/s の速度で，摩擦抵抗力（動粘度）$\nu=1.003\times10^{-6}$ m²/s の水中を泳ぐとき，レイノルズ数 Re は，$Re=UL/\nu=1\times1/1.003\times10^{-6}=9.970\times10^5$ と求められます。この場合，慣性力は摩擦抵抗力に比べ約100万倍大きく，摩擦抵抗力の影響は考えなくてもよい大きさといえます。一方で，小さい生物の代表であるプランクトンなどでは，体長 $L=1$ mm，速度 $U=1$ mm/s とすると Re は約1となり，慣性力と粘性力が釣り合っている状態となります。これより小さい生物では，Re はさらに小さくなり，摩擦抵抗力の影響が出てくるということを意味します。このため，体の大きさに適した遊泳方法をとる必要が出てくるのです。

本章では，水中でいかに推進力を得るのか，抵抗をいかに小さくするのかを解き明かします。

1.1 水を蹴って泳ぐカエル 水かきを薄い板のモデルとして扱い，いかに水を捕らえるかについてみていきます。

1.2 魚の尾ひれが生み出す力 尾ひれを振ったときに描かれる軌跡から，尾ひれが生み出す力について考えます。

1.3 魚の表面—ぬるぬるとざらざら— 魚の表面のぬるぬるやざらざらとした鱗はどのような働きがあるのかみていきます。

1.4 高速で泳ぎ続けるマグロ マグロは遠洋を高速で泳ぎ続けます。マグロの体のしくみから省エネの方法をみていきます。

1.5 波を立てない形—イルカとカワセミ— イルカの頭の先やカワセミの水面への飛び込みでは波が立たない理由について考えます。

1.1 水を蹴って泳ぐカエル

☐ カエルの泳ぎ

　両生類は約3.6億年前に陸上生活できるようになったものの，いまでも水辺という環境が必用です。カエルの幼生期であるオタマジャクシは尻尾を振って泳ぎますが，成体になると水中だけでなく陸上でも移動します。このため，水陸両用の移動手段として水かきのついた足を持っています。水中では，前脚を体側につけたまま，後ろの両脚を同時にキックして泳ぎます。水泳の平泳ぎと違う点です。人間には水かきがついていないので，手と足を使わないと十分な推進力が得られません。ここではカエルを例に，水をキックして推進力を得る方法について考えてみましょう。

☐ 水をキックする

　カエルが水をキックすることを，面積 A の円板を使って水を押すことに置き換えて考えてみましょう。円板に一定の力 F〔N〕をかけ，1秒後にその速度が速度0（静止）から u〔m/s〕になったとします。円板の加速度 a は $a = (u-0)$ m·s^{-1} / 1 s $= u$〔m/s^2〕となり，移動距離 x は $x = (1/2)at^2 = (1/2)u \times 1^2 = (1/2)u$ です。

　しかし，このような計算では水中や空気中といった周囲の流体のことは考慮に入れていません。じつは，図1.2に示すように，板が動く先にある水を押しのけないと進むことはできないのです。また，動いた板の後ろには，空洞ができないように，押しのけた水の量と同じ量の水が入ります。したがって，全体として動く水の量は，板を x の距離だけ動かすときに押しのけた水の体積 $V = xA$ の2倍であり，$2V$ となります。水の密度を ρ〔kg/m^3〕とすると，全体として動く水の

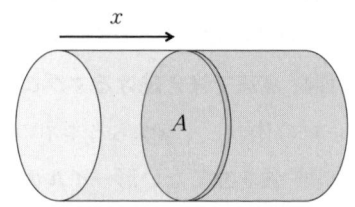

図1.2 押しのける水の量

質量 m は $m=2\rho V$ で表されます。水の質量に比べて板の質量は無視できるものとすると，板を動かすということは，水を動かすということにほかなりません。

さらに，加速度を du/dt と書くと，力 F が作用して運動する物体の運動方程式は $m(du/dt)=F$ と表されます。先の設定で板の移動距離は $x=(1/2)u$ ですから，動かす水の体積は $2V=2\times(1/2)uA=uA$ です。これを運動方程式に代入すると，$\rho Au(du/dt)=F$ となり，1秒間で積分すると

$$\rho A \frac{1}{2}u^2 = F \tag{1.1}$$

が得られます。この式から，同じように板を動かすためには，密度 $998.2\,\mathrm{kg/m^3}$ の水中では，密度 $1.204\,\mathrm{kg/m^3}$ の空気中にくらべて1000倍大きな力が必要だということがわかります。

☐ 水から力をもらう

さて，脚で水に力 F を与えると，作用反作用の関係から，蹴った脚に水から F の力が返ってきます。これが体を動かす推進力になります。脚を縮めて伸ばす動作によって体を距離 x_a だけ前に進ませます。その関係を**図1.3**に示します。縮めた脚の長さを L_c，伸ばしたときの長さを L_s とします。また，蹴った脚によって水が x だけ移動したとします。これらの間には次式の関係が成り立ちます。

$$x_\mathrm{a} = L_\mathrm{s} - L_\mathrm{c} - x \tag{1.2}$$

もし，水が壁のように動かなければ $x=0$ ですから，$x_\mathrm{a}=L_\mathrm{s}-L_\mathrm{c}=x_\mathrm{a\,MAX}$ 移動します。逆に体が移動しなければ $x_\mathrm{a}=0$ ですから，水が $x_\mathrm{MAX}=L_\mathrm{s}-L_\mathrm{c}$ 移動することになります。

力 F を出して体を元の位置から x_a だけ前に進める仕事 W〔J〕は，力×距離

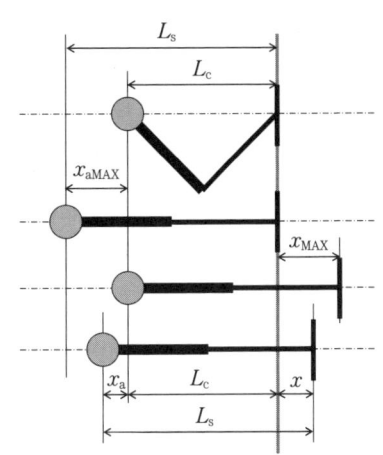

図1.3 脚を伸ばして水を蹴る

で表されるため，$W = Fx_a$ です．筋肉の能力，いわば入力エネルギーは，力 F で脚を $(L_s - L_c)$ だけ伸ばす仕事 $W_L = F(L_s - L_c)$ ですから，この運動の効率 η は次式のように表されます．

$$\eta = \frac{W}{W_L} = \frac{Fx_a}{F(L_s - L_c)} = \frac{F(L_s - L_c) - Fx}{F(L_s - L_c)} = 1 - \frac{x}{L_s - L_c} \quad (1.3)$$

もし，脚で水を蹴っても水が動かなければ，水の移動距離は $x = 0$ となるため，体を動かすのに蹴った力を100%推進力に使えることになります．実際には水は動くので，その分だけ効率が落ちることになります．逆に効率0%というのは体が動かないとき，つまり，$x_a = 0$ のときだということになります．この場合はいわゆるのれんに腕押し状態となり，水を動かすことだけに脚の屈伸を使ったことになります．

◻ より大きな力をもらうためには

運動の効率を表す式 (1.3) から，より大きな推進力を得る方法として，つぎのことがいえます．①キックする水を動かさないこと，②脚の屈伸差 $(L_s - L_c)$ を大きくすること，③キックの時間を短くすることです．以下にこれらの具体策を解説します．

まず，①のキックする水を動かさないようにするにはどうすればよいか考えてみましょう．もともとの運動方程式 $m(du/dt) = F$ に戻ってみると，水が動かないということは速度が $u \to 0$ ということですから，式が釣り合うためには動かす水の質量を $m \to \infty$ とする必要があります．つまり，なるべく大量の水を捕まえるということです．このためには，板の面積 A を大きくします．カエルの足には水かきがついているので，膜の部分を加えると指だけの面積よりは広くなっています．

つづいて，②の方法として，脚を大きく縮め，伸ばしたときと縮めたときの差を大きくします．これによって，式 (1.3) の第二項が小さくなって効率が上がるというわけです．脚の長さが長いほうが有利ということになります．

最後に，③の方法であるキックの時間を短くすると，力積の関係から大き

な力を発生させることができます。力積というのは，力に時間を掛けたもので，運動量変化をもたらすものです。運動量は質量に速度を掛けたものです。大量の水をわずかだけ動かすのに必要な運動量変化は，大きな力を短い時間かけても，逆に小さな力を長い時間かけても同様に得られます。一方で，水面をゆっくり押すとずぶずぶと水没しますが，パーンと勢いよく叩くと水面はあたかも固い壁のようになります。水中で板を急に動かすことによって水面を叩いたときと同じように水を硬くし（大量の水なので動きにくい），壁を押したときと同じように反力をもらうことができます。

☐ 足の形の影響

　式（1.1）は，じつは流速 u の中にある板にかかる抵抗力の定義式と同じ形をしています。ただし，実際には板の形によって抵抗が異なるので，形に固有な抵抗係数 C_d を掛けることでその違いを表現します。つまり，同じ面積でも板の形が違うと水に与えることができる力が異なります。

　同じ面積の場合，円板より正方形板のほうが大きな力が出せます。形の特徴からいうと，縁が長いほど動かすのに大きな力が必要ということになります。カエルの足の形は指の数だけギザギザとした星形になっています。これによって縁の長さを長くしているものと考えられます。また，先端の尖りがじつは抵抗を大きくする要因でもあります。このような工夫をすると，大きな力を出せる足ひれやボートのパドルを作ることができるかもしれません。

☐ まとめ

　脚を水中で素早く動かすことによって，大きな反力を水からもらうことができます。また，脚を縮めたときと伸ばしたときの差が大きくなるようにすることや，足裏の形を抵抗係数の大きなものを選ぶことによって，大きな推進力を得ることができます。なお，カエルの足のような星形形状と推進力の関係にはまだまだ秘密が隠されているかもしれません。

1.2 魚の尾ひれが生み出す力

◻ 魚の尾ひれ

フグ，カレイ，カサゴ，ハタ等といった普段泳ぎまわらないような魚でも，逃げるときは素早く，大きな力を発生して大きな加速を得ていると考えられます。この力を発生するのは尾ひれです。瞬発力を必要とする魚に共通しているのは，尾ひれ形状が三角形に近い形であるということです。なぜそのような形なのか，尾ひれを振ることによってどのくらいの力を発生できるのかといったことを，モデルを用いた見積もりを通して考えてみましょう。

◻ 尾ひれを振ってできる立体

尾ひれを長方形板に置き換え，その一辺を軸にして回転させることを考えましょう。これによって，尾ひれを振ることでどのくらいの水が動かされるのかを見積もります。長方形板を一回転させると円柱となります。**図1.4**のように，高さh，幅bの長方形板をy軸周りにθ〔rad〕回転させると断面が扇形の柱となります。この体積は次式で求められます。

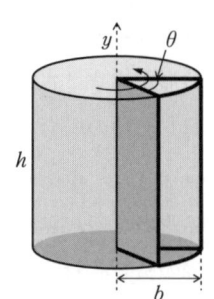

図1.4 長方形板の回転体

回転体の体積

　　＝図形の面積×図形の重心が描く周の長さ　　　　　(1.4)

通常，円柱の体積の求め方は底面積×高さです。これと同じになるか確認してみましょう。長方形の面積は$b \times h$，y軸周りに重心（$b/2$, $h/2$）が描く周の長さは$\pi \times 2(b/2)$です。したがって，体積Vは$V = bh \times \pi b = \pi b^2 h$となり，普通に求める円柱の体積（＝底面積×高さ）と一致します。

この式を使うと，**図1.5**に示すように，回転軸から伸びた棒の先につけられた板が回転して作る立体の体積を求めることができます。団扇を振るときもこのように考えられます。丸い団扇だとドーナツのような形ができます。

8　　1. 水の粘っこさをどうするか

図1.5に示す板の重心が，回転軸から$x_G = b$の位置にあるとしましょう。重心が描く円周は$\pi \times 2b$です。これに板の面積bhを掛けると$V = 2\pi b^2 h$となり，辺が回転軸と一致している前述の場合に比べ，2倍の体積となることがわかります。同じ板ですが，回し方によって動かせる水の体積を変えられるのは面白いですね。つまり，尾ひれを魚の胴の中央で振るのか，先端（尾ひれの付け根）で振るのかによって，同じ形で同じ大きさの尾ひれであっても動かせる水の量が異なるということです。

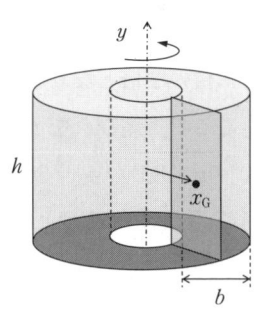

図1.5 軸から離れた回転体

❏ 尾ひれで動かす水の量

つづいて，回転させる図形を尾ひれに近い三角形にして考えてみましょう。図1.6に示すように，三角形の頂点をy軸周りに回転させます。この三角形の底辺の長さをh，高さをbとします。三角形の重心は頂点と向かい合う辺の中点を結んだ線を2：1で分ける点にあるので，図に示すようにy軸から$x_G = 2b/3$の距離に重心があります。面積は$bh/2$，重心の描く円周は$\pi \times 2(2b/3)$ですから，式(1.4)よりこの三角形が回転してできる立体の体積Vは$V = (bh/2) \times \pi \times 2(2b/3) = (2/3)\pi b^2 h$と求めることができます。

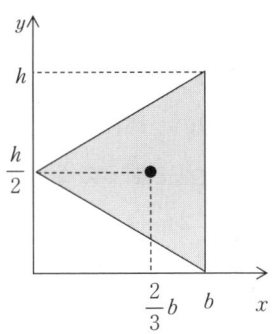

図1.6 尾ひれの回転体

尾ひれをある角度，例えば進む方向に対して±15°で動かしたとすると，$30°/360° = 1/12$回転です。したがって，図1.6で示した三角形状の尾ひれが，その角度範囲で動いたとき，押しのける水の体積は$(2/3)\pi b^2 h \times (1/12) = (1/18)\pi b^2 h$となります。ただし，カエルのパドリングのときにも考えたように，動いた尾ひれの後ろにも押しのけた水の量と同じだけの水が入ってくる

ことを考慮すると，尾ひれの振れで動かされるトータルの水の量は，先に求めた体積の2倍となります。したがって，$(1/9)\pi b^2 h$ です。

ここで，尾ひれを t 秒に1回振っているとすると，回転の速度（角速度）は $30°\times\pi/180°/t=\pi/6t$ 〔rad/s〕と表せます。また，重心位置の移動速度（＝回転半径×角速度）は，$v=(2b/3)\times(\pi/6t)=\pi b/9t$ 〔m/s〕と求められます。先に求めた体積の水の塊が，静止状態から t 秒後にこの速度で動いたとすると，そのときの運動量変化｛＝(密度×体積×速度)/時間｝は

$$\frac{\rho\times\dfrac{1}{9}\pi b^2 h\times\dfrac{\pi b}{9t}}{t}=\frac{\rho\pi^2 b^3 h}{81t^2}\ [\text{N}] \qquad(1.5)$$

となります。したがって，より大きな力を出すためには，身軸方向の尾ひれの大きさ b が3乗で効くのでちょっとでも長いほうが大きな力を出せることがわかります。また，時間の2乗が分母にあるので，短い時間で尾ひれを動かすほうがより大きな力を得られることがわかります。

◻ サクラマスの泳ぎ

産卵のために川を力強く遡る体重4 kgfのサクラマス（**図1.7**）がどのように尾ひれを振るのか，推進力の観点から考えてみましょう。静止状態から，1秒後に2 m/sの速度で泳いだとすると，加速度は $(2\,\text{m}\cdot\text{s}^{-1}-0\,\text{m}\cdot\text{s}^{-1})/1\,\text{s}=2\,\text{m/s}^2$ です。したがって，摩擦を無視して体重4 kgfを加速する力は $4\,\text{kg}\times 2\,\text{m}\cdot\text{s}^{-2}=8\,\text{N}$ と求められます。尾ひれでこの力を出すとすると，どのくらいの時間で尾ひれをパッと動かさなければならないかというと，式(1.5)から

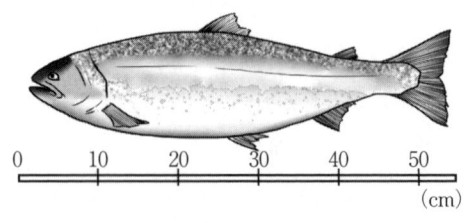

図1.7 サクラマス

$\rho\pi^2 b^3 h / 81 t^2 = 8$ ですので，水の密度 $\rho = 998.2 \, \text{kg/m}^3$，および三角形の尾ひれの寸法 $b = 0.1 \, \text{m}$，$h = 0.1 \, \text{m}$ をこれに代入すると $t =$ 約 0.04 秒と求められます。瞬間的に尾ひれを振ることがわかります。

ここで，倍の力を出すことを式 (1.5) から考えると，① h を倍にする（尾ひれの幅 h を 20 cm にする），② b を 26% 長くする（尾ひれの長さ b を 12.6 cm にする），③ t を 29% 短くする（尾ひれを 0.03 秒で動かす）という三通りの方法が考えられます。現実的には，尾ひれの幅を倍にするよりは，長さを 26% 増やすほうが成長に使う材料が少なくて済むので，有利と考えられます。

ただし，尾ひれを長くすると回しにくくなります。それは質量 M の尾ひれの慣性モーメント（回転のしやすさあるいはしにくさを表す量）I が $I = Mb^2/2$ と表されることから，b の二乗で I が大きくなるためです。また三つめの方法にも絡みますが，尾ひれを振る時間を 29% 速く動かすようにしたり，振りにくい長い尾ひれを動かすためには，筋力をアップする必要があります。サクラマスをはじめとして，瞬発力を出す魚の尾ひれの付け根が太くなっているのはこのためです。

まとめ

尾ひれの重心が尾ひれを振る軸より遠くなるような形であると，大きな力を出せることをみてきました。また，同じ面積であれば三角形が最もおおきな力を出せることがわかりました。さらに，尾ひれは長さが長いほど大きな力が出せますが，慣性モーメントも大きくなるので振りにくくなります。このため，長い尾ひれを振るには，付け根の筋力もつけなければなりません。逆にいえば，筋力が同じであれば，楽に動かせる形は重心が回転軸に近い形のものということになります。例えば団扇のような円形です。また，扇子は半円形ですから円よりも回転させやすくなります。

1.3 魚の表面
—ぬるぬるとざらざら—

☐ 魚の表面

多くの魚は，表面を触るとぬるぬるしています。このぬるぬるは，ムチンというタンパク質によるもので，細胞の保護や潤滑物質，保水としての役割があります。ちなみに，われわれ人間の粘膜はすべてムチンに覆われています。一方で，サメの表面はざらざらと尖っています。水中では，このぬるぬるあるいはざらざらした魚の表面が水と接することになります。ここでは，これらの魚の表面が泳ぎにもたらす効果をみていきます。

☐ 水を滑らせる魚のぬめり

ぬめりの効果をみるために，寒天に代表されるハイドロゲル（親水性ゲル）をぬめりに見立て，水がその表面を滑っているかどうか，速度分布を計測して確認します。ハイドロゲルは高分子と水の膨潤体で，固体と液体の中間に位置し，表面はぬるぬるしていて内部は高い保水性を示します。図1.8に示すように，ハイドロゲルは網目構造の内部に水を吸収して膨潤した物質で，これはクラゲの表面やカエルの皮膚表面と同じ状態です。

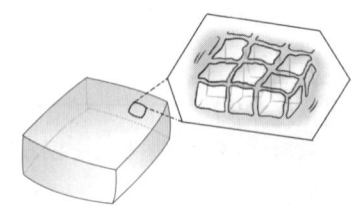

図1.8 ハイドロゲル表面

まずは，ハイドロゲルに沿った水の流れによる摩擦力を見積もるために，表面上の水の速度の場所による違い du/dy を調べます。実験のセットアップを図1.9（a）に示します。計測には，水に混ぜた微小粒子を追跡して速度を測るマイクロPIV計測法を使って行います。図（b）に2種類のハイドロゲル（寒天，ゼリー）上を流れる水流の計測結果と，スリップしない通常の物体上において理論的に求められる速度分布とを比較して示します。理論速度 u は壁面から垂直方向に測る距離を y として，つぎのように表されます。

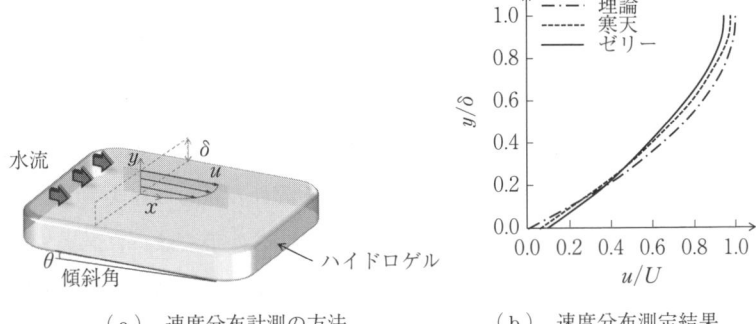

(a) 速度分布計測の方法　　　(b) 速度分布測定結果

図1.9　傾斜壁面に沿う水膜流れの速度分布

$$u = \frac{\rho g \delta^2 \sin\theta}{2\mu}\left\{2\left(\frac{y}{\delta}\right) - \left(\frac{y}{\delta}\right)^2\right\} + u_s \tag{1.6}$$

ここで，θ は表面の傾き角度，δ は薄膜流れの深さです。u_s は水が壁面をスリップしているとしたときのスリップ速度です。なお，通常の物体表面上ではスリップしていませんので $u_s=0$ です。式（1.6）から，速度は距離の2乗で変化します。つまり，放物線の形の速度分布となることがわかります。この理論値が図（b）の一点鎖線で示されています。

図（b）にみられるように，寒天とゼリーの両者において壁面上（$y/\sigma=0$）で $u/U=0.1$ 程度の速度が計測され，水の流れが壁面上で滑っていることがわかります。なお，U は水面の速度です。つまり，摩擦が小さくなっていることを表しています。測定値から見積もると，12%の抵抗低減になっていることがわかりました。また，水分含有量が多いほど壁面上のスリップ速度が大きくなることがわかりました。すなわち，魚表面のぬるぬるは摩擦抵抗低減に寄与していることになります。

◻ 数値シミュレーションという方法

実験がやりにくい事柄は，数値シミュレーションを使った数値実験という方法で行います。例えば，こんな性質のものがあったらいいなというときに，それを作って実験することが難しい場合に有効です。先ほどのハイドロゲル上の

実験に際して，どのくらいの含水率のハイドロゲルがあればスリップするのだろう？ということを調べることにも使えます。ただ，現時点ではまだ発展途上の方法ですので，実際の現象を再現できるかどうかという段階のものです。

シミュレーション手法の一つに，粒子法と呼ばれるものがあります。ものをたくさんの細かい粒子で表し，それらの運動を流れの運動方程式（ナビエ・ストークス方程式）にのっとって動かす手法です。この手法は，コンピュータの処理速度が速くなったことで，できるようになりました。物質の特性を粒子間力で表すため，ゲルを表す粒子と水を表す粒子を使って数値実験することができます。図1.10（a）に示したものは，ゲル表面を流れる流れの速度を求めたものです。水分の多いゲル表面（S＝200）は，水分の少ないゲル表面（S＝100）に比べて，壁面近くで速度の変化が小さくなることから，流れのすべりが大きくなっていることがわかります。図（b）は計算結果の立体視図で，外の流れが内部に影響することを示しています。

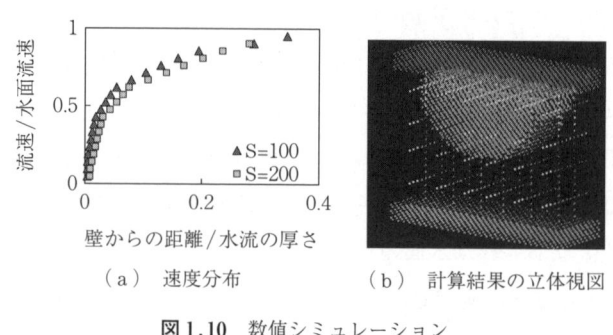

（a） 速度分布　　　　（b） 計算結果の立体視図

図1.10　数値シミュレーション

□ ざらざらしたサメ肌の効果

サメの体表は図1.11に示すような歯と相同（同じ由来のもの）である鱗で覆われています。鱗のサイズは一つ0.2 mmくらいの大きさで，頭から尾にかけて小さくなっています。方向性があり，頭から尾にかけて撫でるとスムーズですが，逆撫でをするとざらざらしています。このため，サメ皮は昔からワサビの摺り下ろし用の卸板に使われてきました。

鱗には流れの方向に約 0.1 mm 間隔の凹凸があり，この鱗がずらっと並んで全体として図 1.11 のような山と谷でできた縦溝構造が体軸に沿って並んでいます。これによって，表面近くの流れの乱れの生成を

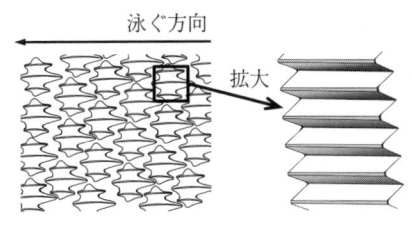

図 1.11 サメ肌

抑制し，また，乱れた流れを整流し，乱れに由来する摩擦力を下げます。これを模した構造をリブレット構造といい，工学的にはパイプ内壁，ヨットの船底，大型の航空機等に使われています。

このリブレット構造の摩擦抵抗係数は $C_f = 4.6 \times 10^{-3}$ であり，リブレット構造がない場合に比べると 8％ の摩擦抵抗低減があります。ここで，ホオジロザメを例にこの摩擦抵抗低減を考えてみます。体長 4 m，胴直径 1 m とすると，表面積 A_s はおよそ 3 m^2 です。体重は 1 tonf あります。遊泳速度は $U = 8$ m/s 程度といわれ，海水の密度を $\rho = 1\,000$ kg/m^3 とすると，このサメに作用する摩擦抵抗 D_f は $D_f = C_f (1/2) \rho U^2 A_s = 441$ N と見積もれます。流線形のサメが一定速度で泳いでいる場合，これと同じ推力を出していることになるので，推力は 480 N です。パワーは 480 N × 8 m/s = 3 840 W となります。もし，サメがサメ肌でなければ 8％ の摩擦抵抗低減はないので，4 170 W となり，330 W 余分にパワーを出さなくてはならなくなります。

まとめ

魚の表面のぬるぬるや，サメのざらざらとした表面の微細構造は，水との摩擦抵抗を減らす効果があることを示しました。これによって推進力に使うエネルギーを節約することができます。水と接する表面は重要です。2000 年に開催されたシドニーオリンピックでは，サメ肌をヒントにして作られた全身を覆う水着が使用され，世界記録が生まれました。その後，全身を覆う水着の使用が禁止され，著者らはカエルの皮膚にまねた素材で水着を作り，ロンドンオリンピックではよい成績が出ました。

1.4 高速で泳ぎ続けるマグロ

❏ マ グ ロ

　マグロは赤身の代表的な魚で，遠くまで泳ぐのに適した持久力を持っています。マグロのように長時間，長距離泳ぐ魚の尾ひれは三日月形状で断面形は翼型をしており，飛行機の翼のように揚力を使って泳ぎます。翼はわずかな力を増幅する装置なので，長い間泳ぐにはこの方法が有利です。

　なお，揚力を得るためには流れがなければならず，このためにつねに自分自身が移動しているか，流れの中に身を置いている必要があります。マグロやサメが泳ぎ続けているのはこのためです。また，通常の魚は水から酸素を得るために口をパクパクさせて呼吸をしなければなりませんが，泳ぎ続ける魚では開けたままの口に水を流れ込ませて酸素を得ており，止まると呼吸できなくなります。また，静止している状態から動き出すのが苦手です。

　ここでは，マグロの泳ぎに着目して，どのようにして高速で長時間泳いでいられるかをみていきます。

❏ マグロの泳ぎの消費エネルギー

　一定速度 U で遊泳しているマグロのパワー P は推進力 T × 速度 U で求められ

$$P = TU \,\,\text{[W]} \tag{1.7}$$

と表せます。パワーというのは単位時間当りに消費するエネルギーであるため，省エネというのはこれを小さくすることを意味します。省エネのためには，① 推進力 T を小さくする，② 速度 U を小さくするという二つのことが考えられますが，外洋を回遊するのにゆっくり泳ぐというのはないでしょう。推進力を小さくすることが実際的です。そのためには，推進力とつり合う抵抗を小さくすることが重要です。

　クロマグロ（本マグロ）のおよその体長は 3 m，体重 400 kg，巡航速度 5 km/h（1.4 m/s）です。したがって，巡航速度で泳いだとすれば 120 km の

距離を一日で泳ぐことになります。マグロの摩擦抵抗は $D_f = C_f(1/2)\rho U^2 A_s$ と表され，マグロの表面積を $A_s = 3\,\text{m}^2$，摩擦抵抗係数（実験によって調べられた魚ごとに固有の係数）を $C_f = 0.02$，海水の密度を $\rho = 1\,000$ とすると，$D_f = 0.02 \times 0.5 \times 1\,000 \times 1.4^2 \times 3 = 59\,\text{N}$ です。

マグロが一定速度で泳ぐときに必要な推進力は $T = D_f$ なので，パワーは式(1.7)より，$P = 59 \times 1.4 = 83\,\text{W}$ となります。これを24時間消費するので，1日に泳ぐのに必要なエネルギー $E\,[\text{J}]$ は $E = P \times 24 \times 3\,600\,\text{J}$ と求められます。これより，$E = 7\,170\,\text{kJ} = 1\,700\,\text{kcal}$ となります。成人男性の基礎代謝量がだいたい $1\,500\,\text{kJ}/$日ですから，マグロの大きさが人よりちょっと大きめということを考えると，人が生命を維持するのに必要としている基礎代謝量程度のエネルギーで泳いでいることになります。

□ マグロの体の省エネ機構

より省エネで泳ぐために，マグロが体の特徴として工夫している点がいくつかあります。その中でも小離鰭とひれの格納についてみていきます（**図1.12**）。

1) 小離鰭：尾ひれにかけての体高の変化は，水平位置から測って片側 $\theta = 15°$ で減少しています。じつは，この角度が11°以上あると，流れが体に沿って流れなくなり，抵抗が大きくなります。マグロでもこのことが起こっているはずですが，第二背びれの後ろに並ぶ小離鰭が，飛行機の翼の上面についている突起であるボルテックスジェネレータと同じ役割をして，抵抗増加を防いでいるものと考えられます。

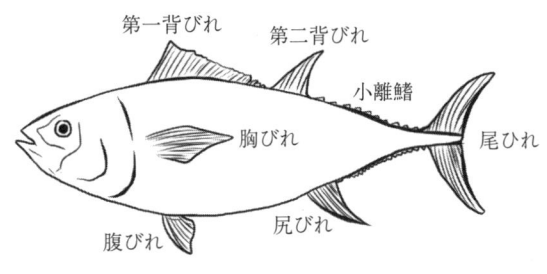

図1.12 マグロの体

1.4 高速で泳ぎ続けるマグロ

2）ひれの格納：マグロの背びれには，硬いとげ（棘条）で支えられる膜構造の第一背びれと柔らかいひれすじ（軟条）を持つ膜構造の第二背びれがあります。普段は第一背びれを後ろ側に寝かせるように畳み込んでいます。そのため，遊泳中に見える背びれは第二背びれだけです。同様に腹びれも普段は溝の中に畳み込んでいます。胸びれは飛行機の主翼のように水平に出していますが，高速で泳がなければならないときは，溝の中に畳み込みます。このように，第一背びれ，胸びれ，腹びれを体の溝に格納することで投影面積を小さくし，また，表面積もそれらのひれの分だけ小さくしています。このことによって，形状抵抗と摩擦抵抗を小さくする効果があります。

❏ マグロの体温管理

　マグロは平均 14～20℃ の海水温の領域を泳いでいます。ほとんどの魚の体温は周囲の水温より若干だけ高いのに比べ，マグロの体温は周囲の水温よりも 5～15℃ ほど高く維持されています。もし，マグロが損失のない理想的エンジンを搭載しているとすると，そのエンジンの効率 η は，海水温の平均値を 17℃（$T_L = 290$ K），体温を 27℃（$T_H = 300$ K）とした場合，$\eta = 1 - (290/300) = 0.03$ となり，3% であることがわかります。理想的エンジンでこの値ですから，実際にはこれよりもっと小さな効率となります。

　効率を上げるにはもっと冷たい海域を泳ぐか，体温を上げるかということになります。体温を上げるほうを選択すると，マグロの体温は魚の中でも高いほうなので，これ以上体温を上げると組織のタンパク質が変質してしまうおそれがあり，体によくありません。漁業関係者の間では，マグロを釣り上げたらすぐに冷却しないと，マグロ自身の体温で肉質が変化して（ヤケが起きるという）まずくなってしまうことが知られています。

　マグロが筋肉を動かし続けると，体温はどんどんと高くなってしまいます。そのための冷却装置として，マグロには血合いの部分に奇網（レーテミラブル：血管が分岐して細血管の網目状になったもの）があります。

　これは動脈と静脈が流れの方向が逆向きになるように近接した，小血管の網

目構造です。えらで冷やされた血液が流れる動脈血管と，筋肉活動で温まった血液が流れる静脈血管とが，**図1.13**（a）に示すように対向する関係に接していたとすると，血管壁に沿って温度差が一定になります。これに対して，図（b）のように同じ方向に接していたとすると，はじめは温度差が大きいのですが，流れの下流方向に向かって温度差は小さくなります。

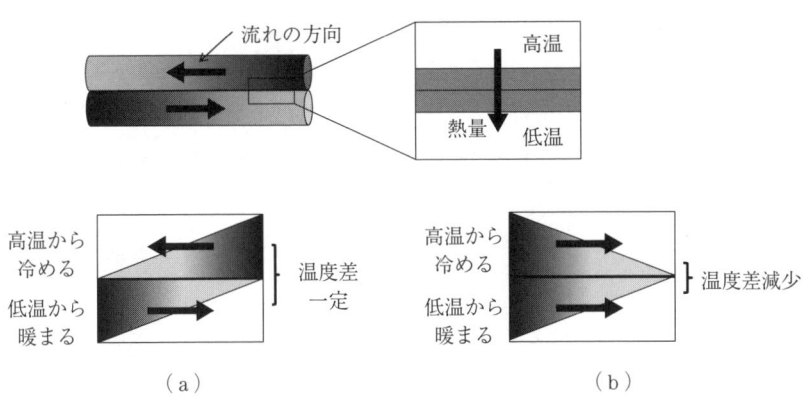

図1.13 マグロの冷却装置

血管壁に沿って移動したトータルの熱エネルギー量は両者とも同じ（上下にある三角形の面積の和は同じ）なので，熱エネルギーの輸送効率という点ではどちらの血管内の流れ方向の組合せでも同じです。しかし，血管壁に与える温度ストレスは，図（a）の場合では一定ですが，図（b）の場合では箇所によってストレスの大きさが異なります。したがって，血管に与える影響の小ささという点では，対向流での接触のほうが有利だといえます。また，細血管に分岐することで接触面積 A を大きくしています。

まとめ

マグロは流れから受ける抵抗を小さくするために，小離鰭や背びれをうまく使っています。また，泳ぎ続けるために小さな力で大きな推進力を生む翼型をした尾ひれを持っています。体温が上り過ぎないよう，冷却装置として血液の流れが工夫されています。

1.5 波を立てない形 —イルカとカワセミ—

◻ 波を立てないイルカ，水面に飛び込むカワセミ

　モーターボートが水面を波立たせながら進むのに対して，イルカが水面近くを泳ぐときにはあまり波が立ちません。これはイルカの形状に秘密があり，波を立てにくい頭の形をしているためです。また，水面に突入して餌を捕えるカワセミは，綺麗に水面の中に飛び込みます。これはカワセミのくちばしが水面との衝撃を和らげるような形になっているためで，水面に突入する際の抵抗を小さくしています。さもないと餌を捕える際に不利となるからです。

　水面において生じる抵抗は，泳ぐうえでも，飛び込むうえでも極力抑えることが重要視されます。このことについてみていきましょう。

◻ 波を打ち消すバルバス・バウ

　水面で波を立てるとそれは抵抗となり，波の抵抗は水泳のように水面近くで泳ぐときにかかる抵抗の半分以上の割合を占めます。大型のタンカーなどでは，図 1.14 に示すようなバルバス・バウ（球状船首）という丸い「こぶ」を船首につけています。「船首が作る波の谷と山」に「バルバス・バウが作る波の山と谷」を干渉させることで，抵抗となる波を消してしまうという優れものです。

　バルバス・バウがついている実際の船が航行している様子を見ると，細かな波は別として波長の長い大きな波はみられません。

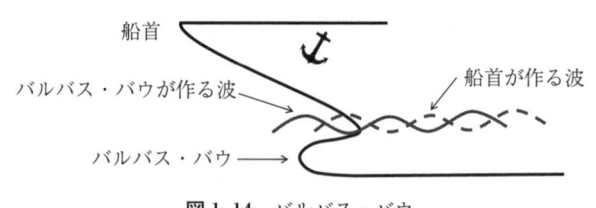

図 1.14　バルバス・バウ

船が作る波の抵抗

船における造波抵抗 D_W は，次式のように表されます。

$$D_W = C_W \frac{1}{2} \rho U^2 V^{\frac{2}{3}} \tag{1.8}$$

ここで，C_W は造波抵抗係数，$V^{2/3}$ は船の代表面積を表し，V は船の排水量〔m^3〕です。通常は代表面積を表面積で表しますが，船の場合には排水量の2/3乗を代表面積として使います。2/3乗は体積を面積の次元にするためです。船の代表速度は U で表し，ρ は水の密度です。

船の造波抵抗係数 C_W は，図1.15に示すようにフルード数 Fr に依存します。Fr は，物体の速度 U と水面の波の速度 c との比を表し，空気中を飛ぶジェット機の速度 U と音速 c との比であるマッハ数 $M=U/c$ と同じ定義のものとなります。波の速度 c を $c=\sqrt{L \cdot g}$（L：物体の長さ，g：重力加速度）で表すと，Fr は次式で表せます。

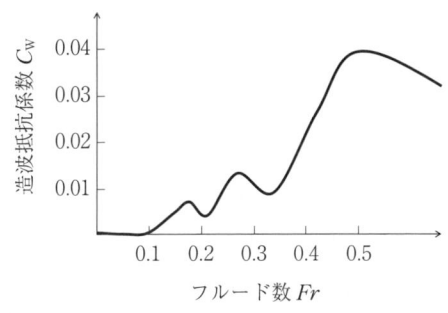

図1.15 造波抵抗係数とフルード数

$$Fr = \frac{U}{\sqrt{L \cdot g}} \tag{1.9}$$

例えば，物体の長さが同じであれば，速度が大きいほうがフルード数は大きな値となります。逆に，速度が同じであれば，物体の長さが長いほどフルード数は小さくなります。フルード数が大きいと，波が伝わる速さより速い速度で船が進むことを意味し，逆にフルード数が小さいと，波が船を追い越していくことになります。フルード数が1ということは，船の速度と波の進む速度とが同じということです。

図1.15より，造波抵抗係数 C_W はフルード数 Fr が0.17，0.26，0.5のときピークを示します。もし，速度が一定の2m/sだとすると，物体の長さが14m，6m，1.63mのとき，大きな値になります。特に1.63mは，ほぼ人間

の身長と同じくらいですが，これが水面を進むとき造波抵抗係数が最も大きくなることがわかります．つまり，もし人の身長がそれより大きければ造波抵抗係数をなんの工夫もなく下げられるのです．

イルカの体長を 3 m とすると，2 m/s で泳ぐ場合のフルード数は，式 (1.9) より 0.37 と求められます．図 1.15 をみると，丁度 C_w の谷となっており，造波抵抗係数が小さいことがわかります．

❏ カワセミの水への飛び込み

つづいて，水面に突入するカワセミのくちばし形状についてみていきます．そのために「水を張ったバケツに頭を突っ込んだとき，飛び出る水の加速が小さくなるような形状は？」という問題設定をしてみます．すなわち，頭で押しのけられた水の速度が時間に比例して大きくなる頭形状を，質量保存則を使って求めてみましょう．

このモデルを**図 1.16** に示します．水に突入するものの形状を x の関数 $f(x)$ で表し，押しのけられた水の速度を $u(x)$ で表します．この押しのけられた水の加速度 du/dt が一定となる先頭形状 $f(x)$ を求めるわけです．

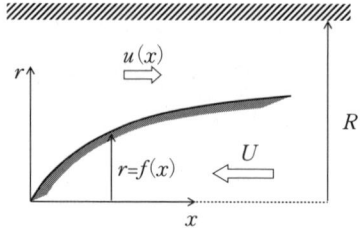

図 1.16 水面へ突入するモデル

いま，図 1.16 に示すような x 軸周りの回転体が一定速度 U で水面へ突入し，原点から x の位置における断面を通過するとき，周りの水の速度 $u(x)$ を求めてみましょう．なお，バケツの半径は R です．

まず，通過する流体の断面積 $A(x)$ は，半径 R の円の面積から半径 r の円の面積を引いた円環状の面積なので，$A(x) = \pi(R^2 - r^2) = \pi\{R^2 - f(x)^2\}$．ここで，$r$ は先端からの距離 x の関数 $f(x)$ で表せるとし，x は時間の関数として $x = Ut$ で表されます．流体の速度 $u(x)$ は流量一定（$Q = U \times A(0) = \pi R^2 U$）の条件から，$u(x) = Q/A(x) = \pi R^2 U / A(x) = R^2 U / \{R^2 - f(x)^2\}$ と表されま

す。これを時間 t で微分し，加速度を a で表すと次式となります。

$$2R^2U^2 \times f \times f' = a(R^2-f^2)^2 \tag{1.10}$$

さらに，この微分方程式を $f(0)=0$ の条件で解くと，$f(x)$ は次式のように表されます。

$$f(x) = \sqrt{\frac{R^2}{\dfrac{U^2}{a}\left(\dfrac{1}{x}\right)+1}} \tag{1.11}$$

$x \to \infty$ で，$f(x)$ が R に漸近する曲線となります。$f(x)$ を $R=1$, $U^2/a=0.1$, 1, 10 に対してプロットしたものを図 1.17 に示します。突入速度が大きいと，先端が鋭く徐々に太くなる形状です。中くらいの速度だとイルカの頭の形に似ています。もっと遅いと頭の先がフラットになってくることがわかります。

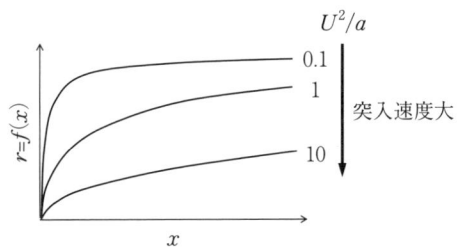

図 1.17　抵抗の小さな形状

ま と め

波を立てないような形状は，じつは新幹線の先端形状の設計に用いられています。トンネルに高速で入る際に空気の波である衝撃波の発生を抑えるように設計されます。バケツの水に突入するという設定はトンネル内の空気に突入するということと同じ問題設定になります。

水泳競技で波を立てなくするとトータルの抵抗が小さくなるので頭と肩を含めた形を考えることは重要です。もちろん規定では体の形を変えるようなスイミングギヤは禁止されていますから，形で得られるものと同等な効果が得られるような素材を考える必要があるかもしれません。

1.5　波を立てない形—イルカとカワセミ—

2 より上手により遠くへ飛ぶ

◆素材：タンポポ，木の葉，ムササビ，羽・翼，渡り鳥
◆道具：流体力学，材料力学，物理学

☐ 羽を持たない生物の飛び方

表2.1に示すようにムササビ，ヘビ，トカゲといった羽を持たない生物は，グライディング（滑空）という直線的に空気中を移動する手段を使います。高いところから飛び降りるといったほうが，飛ぶという表現よりはよいかもしれません。ただし，単に重力で落ちるのではなく，ムササビのように揚力を使ったり，ヘビのように重力方向に対する抗力を使った飛び方になります。

植物では，タンポポの綿毛のような抗力型，アスソミトラ・マクロカルパの種のような滑空，菩提樹の種のような回転落下（オートジャイロ）をする，種子の飛行方法があります。

表2.1　いろいろな飛び方

植物の種子		動物	
散布型 ホウセンカ，スミレ		グライディング型 ムササビ，トビヘビ	
抗力型 タンポポ，アザミ		ソアリング型 アホウドリ，ワシ	
滑空型 アルソミトラ・マクロカルパ		羽ばたき型 ツバメ，ハチ，トンボ	
回転型 ボダイジュ，カエデ		クラッピング型 チョウ，ガ	

❏ 鳥の飛び方

　鳥の飛び方では，羽を動かさないで空中を滑るように飛ぶグライディング（滑空）やソアリング（滑翔）の方法と，羽を羽ばたいて推進力を得て自らの力で飛ぶ方法に大きく分けられます。

　ソアリングの代表として，アホウドリやワシのように大きな鳥は，おもに上昇気流を使って飛びます。いったん空中に飛び出すと，高性能の羽を広げたまま空気の力をうまく使って飛び続けられます。アホウドリは高性能の翼を持っているのですが，離陸時に必要な揚力を生み出すほど速く走れないため，向かい風を利用するなど少しでも翼に速い風が当たるようにして飛び上がります。また，ワシは高い崖から飛び降りるようにして初速を得ます。

　これに対し，ハチドリやツバメのような小さな鳥は，羽ばたいて飛行します。羽ばたきによって体を空中に保持する揚力と前方に進ませるための推進力を得ています。自らそれらの力を発生できるので，どこからでもすぐに飛び始められるのが特徴です。羽ばたきを使うハチやトンボなどの昆虫も同様に，静止状態から飛び上がることができます。クラッピングを使うチョウも同様です。

　本章では動植物の飛び方について解き明かします。

2.1 風に乗るタンポポ，風に舞う木の葉　風に乗る，風に舞うということについて考えます。

2.2 ムササビのグライディング　滑空して目的の地点にたどり着く方法について考えます。

2.3 空を飛ぶための翼・羽　揚力を生む装置として翼の空力特性をみていきます。また，翼を構成する羽の構造からその機能を考えます。

2.4 推進力を生む羽ばたき　羽ばたきという動作でいかに飛べるのかについて考えます。

2.5 飛び続ける渡り鳥　長距離を休まずに飛び続けて渡りをする鳥を通じて，省エネ飛行について考えます。

2.1 風に乗るタンポポ 風に舞う木の葉

□ 風に乗る，風に舞うということ

自然界には風の力をうまく使って，自身を移動させるものが多くあります。それは動物だけでなく植物にもいえることです。ここでは，綿毛をうまく使って種子を飛ばすタンポポと，ひらひらと回転しながら落ちていく植物の葉を例に，風に乗る，風に舞うということをみていきます。

□ タンポポの綿毛の飛び立ち

タンポポの綿帽子は，綿毛の傘をつけた種子が集まったものです。この綿毛の傘を付けた種子を以下では単に種子と呼びます。図 2.1 に示すように，綿毛一本の大きさは平均長さ 5.5 mm，直径 0.025 mm です。この毛が 100 本ほどで傘が構成されています。種子全体の質量は 0.3×10^{-6} kg です。

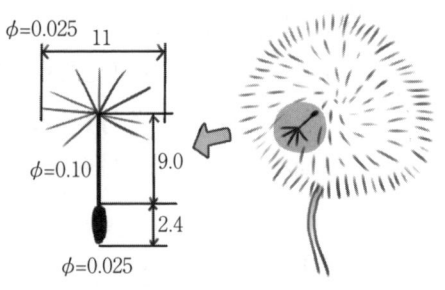

図 2.1 タンポポの綿毛〔mm〕

さて，綿帽子に風をあててみると，1 個の種子が土台からはずれて飛び始める風速は，3 m/s を超えるあたりからであることが実験からわかりました。また，はずれ始める場所は上流側から測って $\theta = 33 \sim 105°$ の範囲であることがわかりました。風に対して一番上流でも下流でもなく，その途中からはずれ始めるのは面白いことです。すき間のある球体に風が当たるときの流れパターンに秘密があるかもしれません。

この種子の傘一本が風を受けて空中に飛び出すときの力をみてみましょう。まず，この傘の綿毛一本を直径 $\phi = 25$ μm，長さ 5.5 mm の円柱とすると，投影面積 A は直径×長さですから，$A = (25 \times 10^{-6}) \times (5.5 \times 10^{-3})$ m^2 と表されます。これに当たる風速 U を 3 m/s とすると，空気の動粘性係数 $\nu = 1.5 \times$

$10^{-5}\,\mathrm{m^2/s}$ より,レイノルズ数 $Re(=U\phi/\nu)$ は5と求められます.このレイノルズ数における円柱の抵抗係数は,これまでの実験データから $C_\mathrm{D}=5$ です.これより,綿毛1本にかかる抗力は次式のように求めることができます.

$$D=C_\mathrm{D}\frac{1}{2}\rho U^2 A=5\times\frac{1}{2}\times 1.2\times 3^2\times(5.5\times 10^{-3})\times(25\times 10^{-6})$$
$$=3.7\times 10^{-6}\,\mathrm{N}/1\,\text{本}$$

したがって,綿毛が100本ある場合は,$3.7\times 10^{-4}\,\mathrm{N}$ の抗力がかかることとなります.これは37 mgのものを持ち上げるだけの力になります.種子1個の重さが0.3 mgでしたので,これで十分持ち上がります.なお,この0.3 mgを空中に保持するのに必要な最低風速は,逆算すると 0.27 m/s となります.そよ風で空中に浮いていることができます.

☐ 風に乗るとはどういうことか？

風に運ばれるものを**図 2.2**に示すような,質量が m で投影面積 A を持つ風船だとします.はじめ,風船は静止していて,流速 U の風が当たって動き始め,その後その流速と同じ速度で移動する状況を考えてみましょう.風船が流れの方向に速度 u で動いているとき,風速 U の風との相対速度は $U-u$ ですから,風船に作用する抗力 F は次式で表されます.ここで,ρ は空気の密度です.

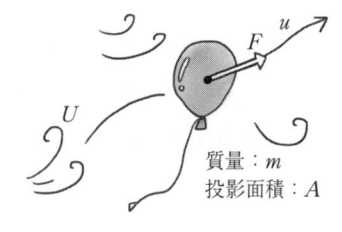

質量：m
投影面積：A

図 2.2 風に運ばれる風船

$$F=C_\mathrm{D}\frac{1}{2}\rho(U-u)|U-u|A \tag{2.1}$$

式 (2.1) より $u=U$ のとき $F=0$ となることがわかります.つまり,風船が風と同じ速度で動くときは相対速度がゼロなので,風船からみれば風が止まっていることになります.したがって,速度 U の等速運動をすることになります.このとき「風に乗った」ということになります.

もし,風船の速度が風より遅いとき,F は風船を加速する方向に働き,増速

2.1 風に乗るタンポポ,風に舞う木の葉

させます．逆に，風船が風より速く移動するときには，Fは進行方向と逆向きに作用するので減速させる方向に動きます．このことを表すために，式（2.1）では絶対値記号を用いて表現しています．風からの抗力を受け取って飛ぶとき，最終的には自然と風と同じ速度となります．

◻ 風に乗りやすいもの

風に乗ることをFが作用する風船の運動方程式で考えてみましょう．簡単のために，水平方向の運動にかかわるものだけを考えることにします．運動方程式は$m(du/dt)=F$となります．右辺の外力Fは，式（2.1）で与えられ，$k=C_D\rho A$として，初期条件$t=0$で$u=0$として運動方程式を解くと，解は

$$u = \frac{U^2 t}{\frac{2m}{k} + Ut} \tag{2.2}$$

と表せます．時間が十分経つと（$t=\infty$とすると），$u=U$となることがわかります．$U=1$としたとき，$2m/k$の値によって，速度が時間とともにどのように変化するかを図2.3に示します．

kを一定値とすると，$2m/k$の値の違いは風船の質量の違いに相当します．これに対し，mを一定値とすると，$2m/k$の値の違いはkの違いを表します．この場合，kが大きいと，すなわち抵抗係数C_Dあるいは風船（投影面積A）が大きいと$2m/k$の

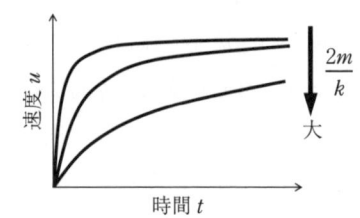

図2.3 風船の速度変化

値は小さくなり，逆にC_DあるいはAが小さいと$2m/k$の値は大きくなります．

図2.3から，軽くて大きい風船で，しかも抵抗係数が大きいものほど流れの速度に達する時間は短くなり，逆に重くて小さい風船で抵抗係数が小さいと流れの速度に達するのに時間がかかるということがわかります．すなわち，質量が同じであれば，流線形のように抵抗の小さな物体は風に運ばれにくく，逆に抵抗係数の大きな形状のものほど風に乗りやすいといえます．

❏ ひらひらと舞う木の葉

　木の葉の落ち方は，葉っぱのおもてを上にしたままジグザグな軌道を描き揺れながら落ちる場合（タンブリング）と，葉の長手方向の軸を中心にくるくると自然に回転して落ちてくる場合（オートローテーション）があります。両者の運動の原因となるのは，葉っぱの縁にかかる力のモーメントのバランスです。図2.4に示すように，葉っぱが落ちる速度Uと回転する端の周速度$u=r\omega$（ω：回転角速度）との相対速度$U-v$と$U+v$が異なるために，それぞれの端に形成される渦の強さ（葉っぱの端の相対速度に比例）に差が生じ，モーメントにアンバランスが生じます。このアンバランスが交互に繰り返されるとジグザグに揺れ，一方が強いと回転になります。台風でも同じですが，渦の中心の気圧が低いためにその付近は吸い上げられ，渦揚力という力となります。この力の差が回転を決めるモーメントの差となるので，葉っぱの端にできる渦が木の葉の回転を決めているといえます。したがって，真空中では木の葉が自然に回転することはありません。

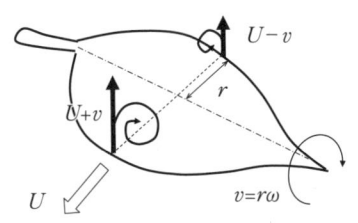

図2.4　回転する木の葉

　回転することによって，単に真下に落ちるよりは水平方向の距離は伸びますから，木の下のある範囲に木の葉が分布して土を広く覆うことによって，地面からの放射冷却を防いでいるのかもしれません。

まとめ

　植物は自然界の力を上手に利用できる形状をとることで，自ら運動することなく受け身のまま，種子を遠くに運ばせたり，木の葉を広範囲に分布させたりしています。つまり，その目的を果たす省エネなつくりをしているといえます。カエデの種子は落下の際にくるくると回転しながらゆっくりと落ちていきますが，この回転から発想を得て，わずかな風速でも高効率に回転できる風車が開発されています。

2.1　風に乗るタンポポ，風に舞う木の葉

2.2 ムササビのグライディング

◻ ムササビ

ムササビは日本固有の種で，グライディングするのに有効な飛膜が前脚と後脚の間，および前脚と首，後脚と尾の間にあります。ムササビは体長27～49 cm，尾の長さ28～41 cm，体重0.7～1.5 kgf，飛距離は160 mほどです。

ここでは，ムササビがどのようにグライディングすることで目的の場所にたどり着いているのかをみていきます。

◻ グライディング時に起きている力

図2.5に前述の条件でのムササビのグライディングの概略図と，ムササビに作用する力のバランスを示します。

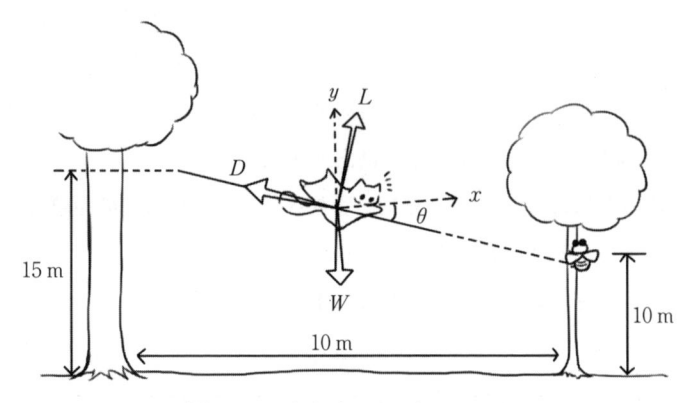

図2.5 ムササビのグライディング

移動方向に対して直角に作用する力を揚力 L，移動方向に平行で逆向きに作用する力を抗力 D と表します。水平方向を x，それと垂直方向を y と表しましょう。ムササビの質量を m，x 方向の速度および加速度をそれぞれ u, a_x とし，同様に y 方向の速度および加速度をそれぞれ v, a_y とします。グライディング方向を水平方向から下向きに測った角度を θ で表します。

これらを用いると運動方程式はつぎのように表されます。

$$ma_x = m\frac{du}{dt} = L\sin\theta - D\cos\theta \tag{2.3}$$

$$ma_y = m\frac{dv}{dt} = -W + L_y + D_y = -mg + L\cos\theta + D\sin\theta \tag{2.4}$$

ここで，$L\sin\theta$ は前進する方向の力，すなわち推力となっていることがわかります。つまり，前進方向に力を発生させるためには揚力を発生させなければならないことを意味しています。揚力と抵抗の垂直方向成分の和である $L\cos\theta + D\sin\theta$ は，重力 W に抗する力となっています。

☐ グライディングの経路

ここでは，揚力と抗力の関係から，グライディングの経路をみていきます。いま，u と v がそれぞれ一定速度 U および V のときを考えましょう。すなわち，$u=U$，$v=V$ のとき，加速度はともに $a_x = a_y = 0$ ですから，式 (2.3) および式 (2.4) より，揚力 L と抗力 D はそれぞれ $L = mg\cos\theta$，$D = mg\sin\theta$ と求まります。つまり，質量と飛行の角度の計測から，揚力と抗力を求めることができるのです。

ここで，図 2.6 に示すように，揚力 L と抗力 D の大きさが同じ（$D/L=1$）場合，グライディング角度は 45°となります。また，揚力が抗力より大きい（$D/L<1$）場合，その角度は 45°より小さくなります。揚力が大きければ大きいほどその角度は小さくなり，水平に近づき遠くまで飛べます。これに対し，揚力が抗力より小さい（$D/L>1$）場合，グライディング角度は 45°より大きくなり急な角度で下降することになります。

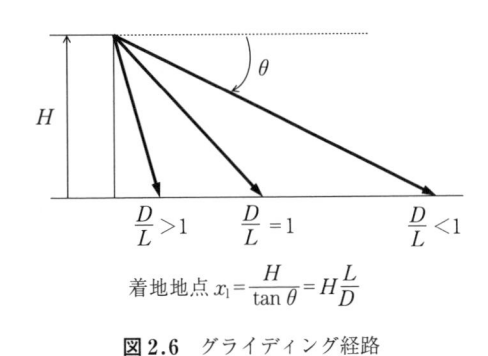

着地地点 $x_1 = \dfrac{H}{\tan\theta} = H\dfrac{L}{D}$

図 2.6 グライディング経路

❐ 着地する地点

つづいて，着地地点を見積もってみましょう。高さ H のところからグライディングしたとすると，着地地点は $x_1 = H/\tan\theta = H(L/D)$ で与えられます。すなわち，L/D が大きいほど遠くまで飛べることがわかります。この揚力と抗力の比 L/D を揚抗比と呼びます。速度 U と V の大きさの比も飛行経路の角度と同じになるので，次式の関係が得られます。

$$\left|\frac{V}{U}\right| = \tan\theta = \frac{D}{L} = \frac{1}{\dfrac{L}{D}} \tag{2.5}$$

すなわち，揚抗比が大きいと下向きの速度の大きさが小さくなり，着地するまでの時間が長くなります。例えば，$H = 10\,\mathrm{m}$ の高さから，$U = 2\,\mathrm{m/s}$ で水平に飛び出した場合，$L/D = 2$ であれば，式 (2.5) より，$V = 1\,\mathrm{m/s}$ と求められます。したがって，10 m の距離を 1 m/s で下降するので，着地するまでに 10 秒かかり，その間水平方向には $2\,\mathrm{m\cdot s^{-1}} \times 10\,\mathrm{s}$ より 20 m 移動することになります。

はじめに設定した 10 m 離れた木の高低差 5 m を移動するには，式 (2.5) より $D/L = 1/2$ となるような姿勢で飛び降りれば，直線的に飛行して目的の地点にたどり着くことができるというわけです。

❐ より遠くに飛ぶには

板状のもので揚力を生み出すには，**図 2.7**（a）に示すように猫背になるよう肩のあたりを丸める形とします。このようにすると板の後ろを過ぎる空気は斜め下向きに流れ去り，流れを下向きに曲げた反動力が揚力となります。したがって，板後方を過ぎる流れの角度が大きくなる形ほど大きな揚力を生みます。ただし，流れをあまり大きく曲げすぎると，抗力が大きくなり，揚力が発生しない状態となってしまうので，ほどほどにしなくてはなりません。

また，板の先端と後端を結ぶ線と板が進む方向との角度を迎角といいます。横軸に抵抗係数 C_D を，縦軸に揚力係数 C_L をとり，迎角 α のときの（C_D,

(a) 猫背で飛ぶ　　　　　　（b）極曲線

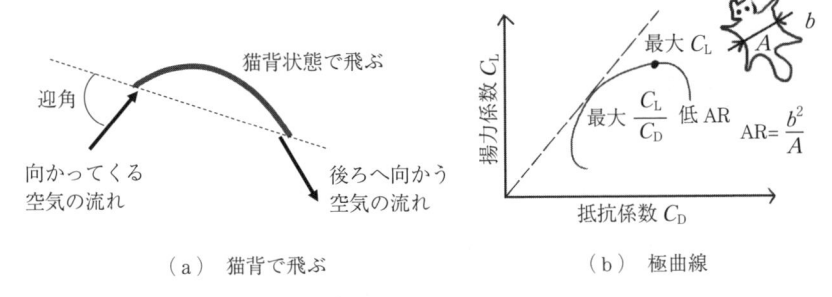

図 2.7　揚力を生み出す形

C_L) をプロットした図（b）に示すものを極曲線といいます。図に示すように，極曲線に接するように原点から引いた直線の傾きが，最大揚抗比を与えます。ムササビのように低アスペクト比（翼の長さと幅の比で $AR = b^2/A$ で表します）のものでは最大 C_L は大きくできますが，同時に C_D も大きくなり，揚抗比を大きくとることが難しくなります。また，揚力と抗力の両者を合わせた力 R を $R = \sqrt{D^2 + L^2} = (1/2)\rho U^2 A \sqrt{C_D^2 + C_L^2}$ で表します。これは低アスペクト比の翼の方が，低速では大きく取れます。和凧はこれを使っています。

遠くまで飛ぶために揚抗比を上げるための方策として，①抗力はそのままで揚力が高くなるように背中を丸め体全体で翼型になるようにする，②揚力はそのままで抗力を下げるように無駄な突起がなくなるようになめらかな形とする，③低アスペクト比の翼を使うことです。

まとめ

　ムササビのような飛膜を施した，ウイングスーツ（別名ムササビスーツ）と呼ばれるスーツがあります。高所から飛び降りて滑空するスポーツで着用されます。非常に危険なスポーツで，パラシュートなしにムササビのように目的地へ飛び移るようなことはできませんが，訓練を詰み，上記のような計算を行って経路や着地地点を見積もることで，飛びたいように飛ぶことが可能です。

2.3 空を飛ぶための翼・羽

❏ 翼 と 羽

空を飛ぶ動物のほぼすべてが，翼と羽の構造を持っています。鳥において，翼はその形状から揚力を生み出し，飛び続けることを可能にしています。ここではその鳥の翼の空力特性と，翼をつくる羽の構造についてみていきます。また，鳥とは異なる昆虫の翅もみていきます。

❏ 鳥 の 翼

図 2.8 に鳥の翼と羽の構成を示します。鳥の翼の後方に整列している羽で，人間の手のひらに相当する骨に付いている 9～12 枚の羽の列を，初列風切羽といいます。推進力を得るための，いわばプロペラに相当する役割のものです。また，滑空時には翼端渦の発生を抑え，飛行の抵抗を小さくする役割もあります。次列風切羽は 6～37 枚の羽で構成され，翼の揚力を安定的に得るものです。大型の鳥になるほど翼面積を稼ぐために構成する羽の数が多くなります。胴体の最も近くに位置する三列風切羽は，翼と胴体との流れの干渉を緩和するためのもので，航空機の翼の付け根にもフィレットと呼ばれる同様の機構があります。

羽ばたきの角速度を ω，翼の付け根から先端までの長さを r とすると，翼先端の打ち下ろし速度 v は $v = r\omega$ で表されます。同じ角速度だとすると，長い

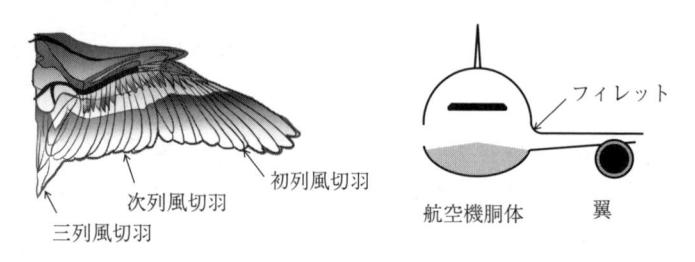

図 2.8　翼の構造

翼ほど r が大きくなるので，翼先端の打ち下ろし速度は速くなります。そのため，翼の先端ほど迎角が大きくなり，剝離しやすい状況となります。これを回避するために，翼の先端に行くほど迎角が小さくなるようにねじれが付いています。このため，翼先端は若干下を向いています。その他，雨覆い羽，羽毛，肩羽等を組み合わせて，断面形状を翼型にするよう構成されています。これは，翼型断面にすることによって揚力を生みやすくするためです。また，小翼羽は急旋回や着陸時の剝離が起こらないように制御するために使われます。

鳥 の 羽

羽には明確な羽軸を持った正羽とダウンジャケットの材料としても使われる保温のための綿羽，センサとしての剛毛羽があります。正羽のうち，風切羽は推進力を得るときに重要です。鳥が飛んで逃げないようにするには，初列風切羽の何枚かをカットすると飛べなくなります。正羽の構造を**図2.9**に示します。

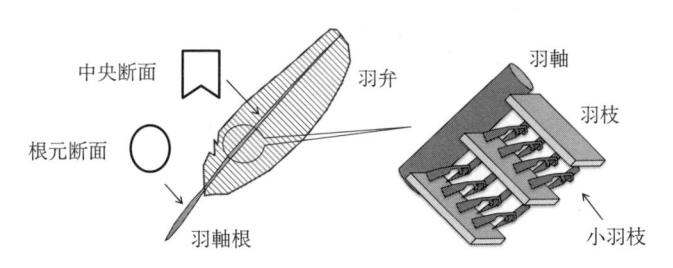

図 2.9 鳥の正羽

根元から羽軸根，羽軸，羽軸から枝分かれする羽枝，羽枝から枝分かれする小羽枝からなります。小羽枝には鉤状の爪があり，図に示すようにそれらが絡まり，羽弁（羽板）を形成します。鳥たちが羽繕いをするのはこの鉤を掛けて羽をまとめるためです。この結果，網目状の面が構成されて力を受け取れるようになります。逆に非常に強い力がかかるとこの鉤爪は外れるので，力を受け取る面を構成できなくなります。この鉤爪は異常な力に対する一種の安全装置となっています。一方で，小羽枝に鉤状の爪を持たないものもいます。ダチョウの羽がまとまらずにふわふわしてみえるのはこのためです。

❏ 羽ばたかせてしなる羽

　図 2.9 に示すように羽軸の断面形状は，羽軸の付け根ではほぼ円形ですが，羽先端に向かって四角形となっていきます。また，羽軸中央では下面に線状の窪みがみられます。この羽軸の断面変化は，羽軸の軸方向の曲がりに影響します。一端が固定された棒に分布揚力 F が作用したときの，図 2.10 に示すようなたわみ δ は，$\delta = FL^3/8EI$ で表されます。ここで，E は材料のかたさを表すヤング率で，羽軸では $E = 6$ GPa です。また，L は羽の長さです。断面二次モーメント（曲がりにくさ）I が分母に入っているため，これが小さくなるとたわみは大きくなることを意味しています。羽軸の先端近くの I は小さいので先端ほど大きくたわむことがわかります。逆に断面二次モーメント I が大きいとたわみが少なく，つまり，曲がりにくくなります。

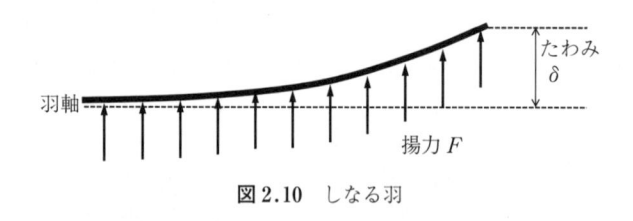

図 2.10　しなる羽

❏ 昆虫の翅

　甲虫目では前翅が硬化して鞘翅となっています。通常はその下に薄くて大きな後翅が折り畳まれ格納されています。セミ，ハチ，ガの翅は，図 2.11 のスズメバチの翅に示されるように，後翅の前縁に付いている鈎を前翅の後縁にあ

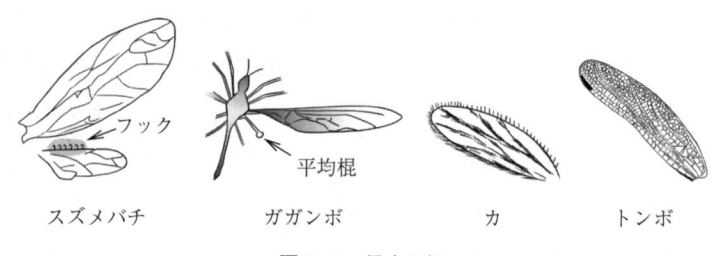

図 2.11　昆虫の翅

るC字状に丸まった部分に引っかけることによって，前翅と後翅を一体化させて翼面積を増やしています．また，翅を閉じるときにはこの鉤がはずれ，後翅の上に前翅が被さり，コンパクトになります．チョウも前翅と後翅を同時に羽ばたきますが，それらは重なっているだけで鉤によって繋がっているわけではありません．ハエ目のカ，ガガンボ，イエバエなどでは後翅が退化して，平均棍といわれる器官に変化して，前翅だけの一対の翅しかないように見えるので，双翅目と分類されます．

　カの翅の膜表面にはびっしりと細かな毛が生えており，さらに周辺と翅脈には小さな羽が生えています．この小羽は取れやすく，チョウの鱗粉に似ています．これらの役割についてはわかっていません．トンボ目の翅は翅脈のパターンが複雑です．他目の昆虫とは異なり前翅と後翅を別々に動かすことができます．翅脈の間にみられる網目状のパターンはヤゴのときに形成され，四角形，五角形，六角形などがみられます．翅の断面形状は流線形ではなく，折れ線です．このため，折れ線の谷間に渦ができ，見かけ上，流線形の翼として使っていることになります．

　まとめ

　鳥の翼は，先端はプロペラの役割で推進力を得る役割，付け根は揚力を得る役割をそれぞれ担っています．全体の形からは，失速しにくい形状となっています．しかし，飛行中はつねに同じ形状を保っているわけではなく，縮めたり伸ばしたりして，形を変えて状況変化に対応させています．

　翼を構成する羽は軽くできていて，かつ，揚力による荷重がかかってもしなやかにたわむような構造となっています．異常な力がかかると，網目状の羽弁構造を保っているフックがはずれ，力を逃がすよう工夫されています．

　昆虫の翅は翅脈が通った一見単純な薄膜構造ですが，折りたたみに便利だったり，前翅と後翅とをつなぐフックが付いていたりといった工夫がなされています．折りたたみ機構は人工衛星の太陽電池パネルの格納や展開に応用されています．

2.4 推進力を生む羽ばたき

□ 羽ばたき運動

　鳥はご存知のように翼を羽ばたかせて空を飛んでいます。このときの翼の運動を空間座標の x, y, z 軸に対応させて図 2.12 に示します。体の軸を x 軸とし，垂直方向に y 軸，それらと直角方向に z 軸としています。羽ばたき運動は，垂直方向運動であるヒービング（x 軸周りの往復運動），水平方向運動であるリード・ラグ（y 軸周りの往復運動），羽軸周りのフェザリング（z 軸周りの往復運動）の三つの運動が組み合わさったものです。なお，ヒービングとフェザリングの組合せ運動をフラッピングといいます。

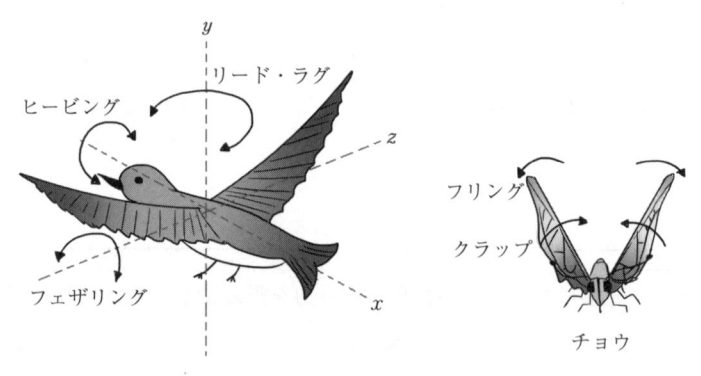

図 2.12　羽ばたき運動

　昆虫は鳥とは違い，二対の翅で羽ばたきます。ハエは後翅を失っているので前翅一対の翅で羽ばたき，おもにヒービングを行います。チョウでは体軸周りの翅の回転角度が大きく，翅を打ち付けるクラップ（打ち上げ）と，翅を引き剥がすフリング（打ち下ろし）を行っています。フェザリングに相当する運動は，翅の柔軟性によるねじれで補っています。

❏ 羽ばたきで得られる力

　鳥にしても昆虫にしても，羽・翅を上下もしくは前後に同じ運動をさせるだけでは，浮かぶことも前に進むこともできません。上昇や前に進むといった一方向性の運動を得るためには，羽ばたき運動もしくは羽の形に差をつける必要があります。

　図2.13に，羽ばたきの一往復運動中に得られる力の変化を模式的に示します。羽ばたき一周期のうち，下向きに羽を移動させる期間（打ち下ろし）をダウンストロークと呼び，このとき上向きの力を得て体を上昇させます。また，上向きに羽を動かす期間（打ち上げ）をアップストロークと呼び，下向きの力が発生して，体は下に向かいます。もし，この力の発生が図中のⓐの線で示すようなサインカーブのような曲線を描くとすると，上向きの力と下向きの力の総和はゼロとなってしまい，結局そのままの状態を続ける結果となります。一方で，力の発生が図中のⓑの線で示すような曲線を描くとすると，少しの間下向きですが，大半は上向きの力が発生しているので，総和では上向きの力が発生していることになります。この結果，体は上昇します。

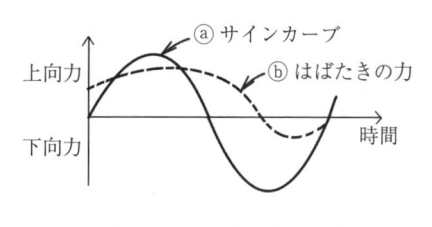

（a）羽ばたきの力の変化　　（b）羽の動かし方

図2.13　羽ばたきの運動軌跡

❏ 翼の形で浮き上がる

　鳥の翼の断面形状は，図2.14に示すような非対称翼型で，次式に示す揚力Lを翼の丸まった背側に発生させます。

$$L = C_L \frac{1}{2} \rho u^2 A \tag{2.6}$$

2.4　推進力を生む羽ばたき　　39

C_L は揚力係数，A は翼を上から見た面積，ρ は空気の密度，u は翼と空気との相対速度です。

揚力というのは，翼の移動方向に対して直角方向に生じる浮き上がらせるための力です。そのため，翼を角度 θ 斜め方向に動かせば，そのとき発生する揚力の sin 成分が推進力 $T = L \sin\theta$ となります。これは，ダウンストローク時では推進力となります。逆にアップストローク時には翼の傾きは $-\theta$ となるので揚力の sin 成分は後ろ向きになってしまい，揚力が抗力となってしまいます。

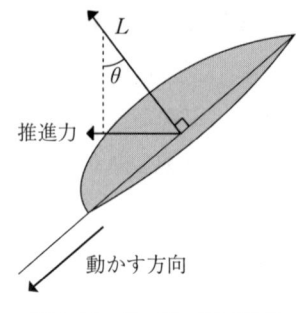

図 2.14 鳥の翼の断面形状

このため，両ストロークでなんらかの差をつける必要があります。特に，アップストローク時において，① 振り上げ速度を遅くして発生する揚力を小さくする，② 角度 θ を小さくする，③ 翼面積を小さくする等の方法が考えられます。これに対し，ダウンストローク時では大きな揚力が出るように工夫すればよいので，① 振り下げ速度を大きくする，② 角度 θ を大きくする，③ 翼面積を大きくする等の方法があります。翼を振り下げるとき，羽を斜め前方に動かすことによって，翼に流入する空気との相対速度を上げて揚力を大きくします。逆に，アップストローク時には斜め後方に振り上げることで相対速度を下げ，揚力を小さくして抗力を減らすようにします。これが翼の前後方向の運動で，リード・ラグ運動と呼ばれるものです。

☐ 昆虫の羽ばたき

飛べる昆虫のほとんどのものは，二対四枚の翅の羽ばたきで飛びます。前節で述べたように甲虫目では前翅が硬化して鞘翅となっています。通常はその下に薄くて大きな後翅が折り畳まれ格納されています。飛ぶときには鞘翅を拡げ，後翅だけを 40 Hz 程度の周波数で羽ばたかせます。共通することは体を立てた姿勢で飛ぶことです。前翅を開いたまま飛ぶのが一般的ですが，カナブンだけは前翅を閉じて飛行します。

ハチ目の翅は，前翅と後翅を一体化させて翼面積を増やし，200 Hz 程度の周波数で羽ばたかせます。ここで，Hz（ヘルツ）は1秒間に振れる（揺れる）回数を表す単位です。200 Hz は1秒間に200回羽ばたくことを意味します。ハエ目であるカは 500 Hz，イエバエは 200 Hz，ガガンボは 50 Hz 程度の周波数でそれぞれ羽ばたきます。体の大きさが小さいほど，羽ばたき周波数は大きくなります。トンボ目の昆虫は他目のものとは異なり，前翅と後翅を別々に動かすことができます。羽ばたき周波数は 40 Hz 程度です。

昆虫の羽ばたきにおけるフェザリングは，薄い翅のねじれで行われます。斜め下かつ前方に振り下げるとき（ダウンストローク）は，翅の前縁が下を向くように，斜め上かつ後方に振り上げるとき（アップストローク）では前縁が上を向くようにねじれます。ハエが 200 Hz で羽ばたくときの翅先端の速度 v は，翅の長さ r と翅の角速度 ω から，$v = r\omega$ より求められます。翅の長さは $r = 5$ mm，また，200 Hz は $\omega = 400\pi$ rad/s ですから，$v = 0.005 \times 400\pi = 6.3$ m/s と求められます。いま，ハエが前方に 1 m/s で飛んでいるとすると，失速しないように羽ばたくためには，翅先端を $\tan^{-1}(6.3/1) = 81°$ 下向かせる必要があります。翅の根元のほうは r が小さいので，振り下げ速度は小さくなります。したがって，根元から先端にかけて図 2.15 のようにひねられる必要があります。

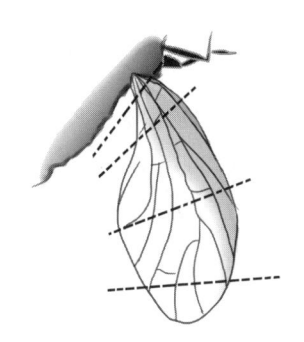

図 2.15　翅のひねり

まとめ

翼は揚力を生むものですが，その揚力の方向は進む方向に対して直角方向です。前方に進むためには翼を傾けて揚力の進行方向成分を作り出す必要があります。また，羽ばたきの往復運動においてアップストロークとダウンストロークでは翼の形や運動に差をつけないと，トータルで上向きの力を生み出せません。このため，羽ばたき運動の軌跡は後ろに傾いた 8 の字のようになります。このような複雑な運動を筋肉の直線運動だけで実現させています。

2.4　推進力を生む羽ばたき

2.5 飛び続ける渡り鳥

渡り鳥

渡り鳥のオオソリハシシギは，アラスカからオーストラリアまで7 000～1万1 000 kmを5～9日間かけて無着陸で飛びます（図2.16）。1日でおおよそ1 000 km飛ぶ計算です。この鳥の大きさは，体長39 cm，翼開長70～80 cm，体重225～450 gです。

無着陸で飛ぶため，その間に食事はとらず，飛ぶ前に得たエネルギーのみを使って飛び続けているということです。

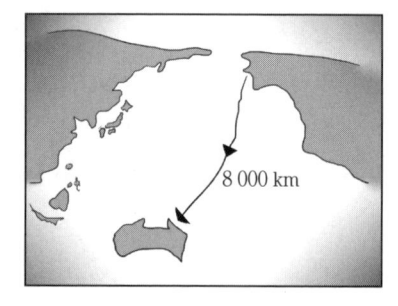

図2.16 鳥の渡り

渡りに必要なエネルギー

体重300 gの鳥が通常の飛行に必要なパワー（仕事率）は15 W（＝J/s）です。パワーというのは1秒当りの消費エネルギーのことです。したがって，1日に消費するエネルギーは15 W×24時間×3 600秒と計算できますから，約1 300 kJです。カロリー（cal）という単位でいえば1 cal＝4.2 Jですから，1 300 kJは約310 kcalとなります。

鳥が餌とする貝などのカロリーは，100 g当り，シジミ51 kcal，タニシ80 kcal，カニ70 kcal等です。例えば，大粒シジミの身は1個で1 gぐらいですから，1日飛ぶのに必要なシジミの個数は310 kcal/51 kcal×100＝約610個です。ただし，これは食べたシジミのエネルギーがすべて飛ぶためのエネルギーに変換された場合の個数です。かりに，その変換効率を50％とすると，倍の1 200個は食べなければならないことになります。ところが，シジミの身は1個当り1 gですから，1 200個も食べたら1.2 kgとなり，自分の体重の4倍もの量を必要とする計算になります。ましてやノンストップで1週間程

度を飛ぶわけですから、その7倍のエネルギー補給が必要です。しかし、これは普通には考えにくく、渡り鳥ならではの工夫がどこかにあるはずです。

☐ 渡り鳥の省エネ

　鳥が渡りのときのように長距離飛ぶためには、省エネルギーしていることが考えられます。まず、300 g の鳥が 1 000 km/日の距離移動するエネルギー E を、物理的定義から見積もってみましょう。飛行距離を x とすると、エネルギー E は力 F×飛行距離 x ですから、$E=Fx$〔J〕と表されます。パワー P は力に速度 U を掛けたものになりますから、$P=F×U$〔W〕です。

　ここで、速度 U は飛行速度です。24 時間で 1 000 km 移動することから、U = 1 000 km/24 h = 42 km/h = 12 m/s と計算できます。力 F は推進力ですが、定常飛行の場合、推進力=抵抗力となります。すなわち、鳥は空気抵抗力の分だけ推進力を出していることになります。

　鳥の省エネ飛行は 6 W といわれていますので、鳥に作用する抵抗 D を逆算すると、$D=F=P/U=6/12=0.5$ N ということになります。したがって、必要なエネルギーは $E=500$ kJ $=120$ kcal と求められます。つまり、先に求めた通常の飛行に必要なエネルギーの消費量に対して、渡りのときはエネルギー消費を約 1/3 に押さえていることになります。

☐ 省エネの方法

　エネルギー消費量を減らすためには、パワーの定義式から、推進力を減らす、すなわち空気抵抗を減らすことだということがわかります。鳥に作用する空気抵抗は次式で表せます。

$$\text{鳥に作用する空気抵抗} = \text{形状抵抗} + \text{摩擦抵抗} + \text{誘導抵抗} \quad (2.7)$$

渡り鳥は高度 1 000〜5 000 m くらいの上空を飛ぶので、地上の空気密度 1.2 kg/m^3 に比べて、その高度範囲では 1.1〜0.74 kg/m^3 と低密度になります。高く飛べば飛ぶほど抵抗は低減され、5 000 m における密度では、空気抵抗は地上の約 62%（=0.74/1.2×100）になることがわかります。

さらに，鳥の形状抵抗や摩擦抵抗はもともと小さいので，残りの誘導抵抗を減らす工夫がなされています。誘導抵抗 D_i というのは，**図2.17** に示すように有限の長さの翼から翼端渦が発生し，それによって生じる下降流 v が原因で揚力 L が後方に傾いて発生する後ろ向きの力です。誘導抵抗係数は $C_i = C_L^2 / \pi AR$ のように表せます。ここに C_L は揚力係数であり，AR は羽のアスペクト比（縦横比）を表します。つまり，C_i は揚力係数の2乗に比例するので，揚力係数の大きな翼，すなわち性能のよい翼であればあるほど，その誘導抵抗も大きくなることを意味しています。また，C_i は AR に反比例するので，アスペクト比が大きな翼ほど誘導抵抗係数は小さくなります。

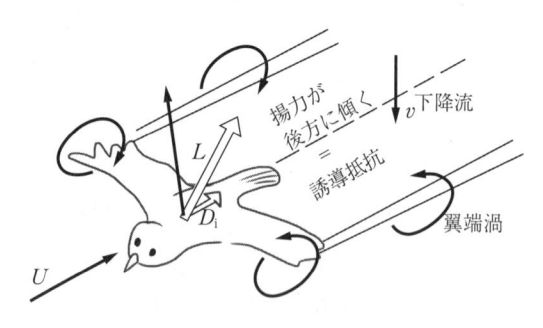

図 2.17 鳥の誘導抵抗

□ 薄い空気中での呼吸

高いところを飛ぶことで空気抵抗を下げられるのですが，空気が薄いため，呼吸で酸素吸収効率を上げて運動を維持する必要が出てきます。このため，鳥は九つの気のうを持っていて，それらがポンプの役割をしています。吸った空気がいったん気のうに入り，そこから肺に送られガス交換を行った空気は別の気のうに入り，それが呼気として押し出され，一呼吸のサイクルが閉じます。

気のうがポンプの役割を果たすので，肺は血液との酸素と二酸化炭素の交換だけを担っています。肺管内の空気の流れと血管の流れは逆方向になっているため，濃度勾配が一定に保たれ，酸素吸収速度が速いと考えられます。また，吸気と呼気が人間の肺のように混ざらない経路システムになっている点も，薄

い空気からの酸素吸収効率向上に適しています。なお，マジュンガサウルスという恐竜も鳥類のような気のうを持っていたと考えられています（**図2.18**）。酸素の吸収効率がよいために，運動性能がよく，繁栄できたのかもしれません。

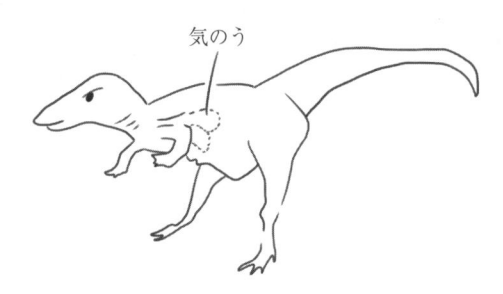

図2.18　マジュンガサウルスの気のう

まとめ

渡り鳥は省エネ飛行のために空気抵抗を減らす工夫をしています。翼先端の初列風切羽によって誘導抵抗を小さくするとともに，空気密度の低くなる高度の高いところを飛ぶことによって物理的に空気抵抗を小さくしています。空気密度が低いと運動を維持するための酸素不足になりますから，呼吸システムに酸素の取込み効率の向上を行う仕組みを採用しています。

コラム　編隊飛行

編隊を組んで渡りをする鳥の代表にマガンがいます。冬になるとロシアから4 000 kmの距離を渡って日本で冬を過ごします。渡りのときに見せるV字の編隊をみると，幾何学的で不思議な気持ちにさせられます。流体力学的には翼の先端にできる翼端渦の上昇気流を利用して省エネを図っています。そのために，隣の鳥は真横ではなく少し後方に位置取りします。あまり後方に位置すると，渦が空気粘性で減衰するために上昇気流が弱くなり省エネ効果が小さくなるので，あまり遠すぎてもいけません。この結果先頭から斜め後方に並ぶV字編隊が形成されます。逆に先に行く鳥の真後ろではどうなるかというと翼端渦の下降流を受けてしまうので，揚力を得るのにさらに力を必要として，逆効果となってしまいます。

2.5　飛び続ける渡り鳥

3 地上を上手に駆けまわる

◆素材：チーター，ダチョウ，ヤモリ，足，カレーライス
◆道具：運動学，材料力学，物理学，エネルギー，摩擦

□ 走るために

　本章では走ることについて考えます。地面を捉えて自分の持つ力を有効に使って走るにはどうすればよいのか，動物はどのように走っているのか，その観点から動物の仕組みや運動を考えてみます。

　走るというのは止まった状態から加速し，一定速度で走った後，減速して止まるという一連の動作です。加速・減速時には地面との摩擦をいかに利用するかが大事となります。加速力を大きくする一つの方法は摩擦係数を上げることです。スタート時の推進力およびパワーは，加速運動から見積もることができます。

　摩擦係数が小さいと，大きな推進力を出しても路面との間でスリップすることになり，動力が路面に伝わらなくなります。車のタイヤが雪道，泥道，砂道でからまわりして立ち往生することがありますが，摩擦係数が下がったためにスリップしてしまうのです。いくらパワーが大きくても，また，筋力を鍛えて大きな推進力を出せても，スリップしては地面に力を伝えられません。地面との摩擦がいかに重要かがわかります。高速で走る動物の足裏における工夫に学ぶことにしましょう。

　走る地面は草原，土，砂です。これに対し，人間が走るのはおもにアスファルトや陸上競技場のトラックの合成ゴムなどです。足裏，爪，シューズ底面素材等と，地面が接触する部位の摩擦は地面に力を伝え，反作用として反力をもらうために重要です。

◻ 最大速度を上げるには

動物が100 mを走るタイムを比較すると，チーター3.2秒，ガゼル4.0秒，サラブレッド5.0秒，ダチョウ5.2秒，ウサギ5.6秒，ライオン6.2秒，クマ6.4秒，ネコ7.5秒，イノシシ8.0秒，ラクダ9.0秒，ゾウ9.2秒，人間10秒です．意外とクマが速く，ゾウでさえも人間より速く走ります．

空気抵抗kを受けながら体重Wの動物が一定の推進力を出して走るとき，地面との摩擦係数μの条件で走行速度を求めると，時間が経つと速度は最終的に$\sqrt{\mu W/k}$となります．つまり，地面との摩擦力μWと空気抵抗kの比のルートで表されます．推進力がこの式には含まれていないので，それが大きくても小さくても関係なく，時間が経つと上述の式で表される最終速度（出しうる最大速度）となります．ルート記号の中を見ると，路面との摩擦係数μが大きいほど，さらに体重Wが重いほど最終速度は速くなります．また，空気抵抗kが小さいほど最終速度は速くなることがわかります．

本章では自分の力をいかに効率よく地面に伝え走りにつなげるかについて解き明かします．

3.1 **チーターのダッシュ**　　チーターをモデルにスタートダッシュにおける力学と蹴る角度について考えます．

3.2 **ダチョウの走りとマラソン**　　ダチョウの走りから脚の構造といかに歩幅をとり，回転を速くして走るかについて考えます．

3.3 **垂直な壁に張り付くヤモリ**　　垂直な壁を登るときには摩擦力を使えないことを解き明かします．

3.4 **地面を足でつかむ**　　足と路面とで摩擦をいかに確保するか，動物の足裏のパターンについて考えます．

3.5 **カレーライスでどのくらい走れるのか？**　　走るのに必要なエネルギーについて学びます．

3.1 チーターのダッシュ

❏ チーター

チーターはアフリカ大陸とイランに生息するネコ目ネコ科チーター属の動物です（図3.1）。体長110〜140 cm，尾の長さ65〜80 cm，肩までの高さ75〜90 cm，体重40〜65 kgfです。走行開始から2秒後には時速72 kmに達します。全力疾走できるのは約400 mで，長距離走ることはできないようです。爪を鞘に引っ込めることができないので，つねにスパイクをはいたままの状態であるため，いつでも速く走る準備ができています。狩りの成功率は約50%といわれ，大型ネコ科動物のなかでは高い成功率を誇ります。

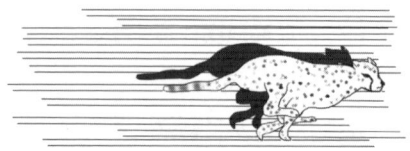

図3.1　チーター

チーターに似ているヒョウ，トラ，ジャガーは体格がちょっと違いますが，それぞれ走る速度は50 km/hです。ライオンは体長260〜330 cm，尾長70〜105 cm，肩高80〜123 cm，体重150〜250 kgfとチーターに比較して大型ですが，時速58 kmで走ります。

❏ チーターの加速

チーターは狩りにおいて少ないチャンスをものにするために，短い時間で最高速度にもっていくための，高いスタートダッシュの能力を持っています。後ろ脚をバネに見立ててどのくらいの力を出しているのか考えてみましょう。体重50 kgfのチーターがスタートダッシュにおいて，後ろ脚を30 cm縮め，30°の方向に蹴って走り出した1秒後の速度を求めてみましょう。

図 3.2 から後ろ脚（バネ）で生み出す力を R で表すと，水平方向の力 F および垂直方向の力 W はつぎのように表されます．

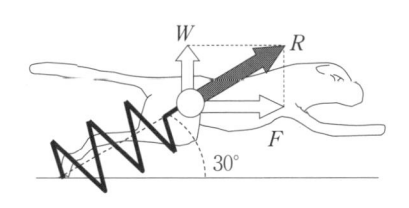

図 3.2　チーターの後ろ脚

$$\left. \begin{array}{l} F = R\cos 30° = \dfrac{\sqrt{3}}{2}R \\ W = R\sin 30° = \dfrac{1}{2}R \end{array} \right\} \quad (3.1)$$

$W = 50\,\mathrm{kg} \times 9.8\,\mathrm{m/s^2} = 490\,\mathrm{N}$ ですから，式（3.1）より，$R = 2W = 980\,\mathrm{N}$ となります．したがって，$F = (\sqrt{3}/2)R = 849\,\mathrm{N}$ です．

運動方程式 $ma = F$ より，スタート時の加速度 a は

$$a = \frac{du}{dt} = \frac{F}{m} = \frac{849\,\mathrm{N}}{50\,\mathrm{kg}} = 17\,\mathrm{m/s^2}$$

と求められます．したがって，1 秒後には $17\,\mathrm{m/s} = 61\,\mathrm{km/h}$ の速度となることがわかります．また，バネ係数は後で示す式（3.2）より

$$k = \frac{R}{y} = \frac{980\,\mathrm{N}}{0.3\,\mathrm{m}} = 3\,270\,\mathrm{N/m} = 3.3\,\mathrm{kN/m}$$

となります．これを実際のバネで考えると，直径 4 mm のバネ鋼を使ったコイル平均直径 50 mm で 6 巻きしたバネと同等の力となります．

◻ 後ろ脚がしている仕事

図 3.3 に示すように，バネの先に付いた物体に負の方向に力 F を作用させて，バネが負の方向に y だけ縮んだとしましょう．このとき，バネは縮んだ方向と反対方向に移動した距離 y に比例する力 F_c を発生させます．すなわち，$k\,[\mathrm{N/m}]$ を比例定数（バネ係数，バネ強さ）とすると次式で表されます．

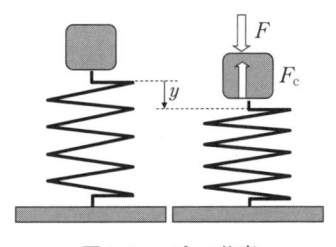

図 3.3　バネの仕事

3.1　チーターのダッシュ

$$F_c = ky \qquad (3.2)$$

また，加えた力 F とバネの反力 F_c は釣り合っているので，$-F+F_c=0$ と表されます。したがって，$F=F_c=k \times y$ 〔N〕となります。この力による仕事 W_c は次式で表せます。

$$W_c = \int_{y_1}^{y_2} F\,dy = k\int_{y_1}^{y_2} y\,dy = \frac{1}{2}k(y_2^2 - y_1^2) \quad 〔\text{J}〕 \qquad (3.3)$$

例えば，バネ強さ $k=60\,\text{kN/m}$ のバネを 1 cm 縮めたときの仕事を求めてみましょう。基準の位置 $y_1=0$，そこから $1\,\text{cm}=0.01\,\text{m}$ 移動したこととなり，$y_2=0.01$ です。したがって，式 (3.3) より次式のように求められます。

$$W_c = \frac{1}{2}k(y_2^2 - y_1^2) = \frac{1}{2} \times 60 \times 10^3 \times (0.01^2 - 0^2) = 3\,\text{J}$$

このエネルギーがバネの先にある質量 0.1 kg の物体の，鉛直方向の運動エネルギー KE に変換されたとすると，はじめ静止（$v_1=0$）していた物体は

$$W_c = \text{KE} = \frac{1}{2}m(v_2^2 - v_1^2) = \frac{1}{2} \times 0.1\,\text{kg} \times \left\{ \left(v_2 \frac{\text{m}}{\text{s}}\right)^2 - \left(0\,\frac{\text{m}}{\text{s}}\right)^2 \right\}$$
$$= 3\,\text{J}$$

より，$v_2 = 7.7\,\text{m/s}$ で打ち上げられることになります。

飛び上がった物体に空気の抵抗がかからないとして，また，作用する力は重力だけとすると，この物体の運動方程式は $ma = -mg$ です。打ち上げ速度が v_2 のため，飛んでいる速度 v は $v = -gt + v_2$ と表せます。また，$y_1=0$ のため，$y = -(1/2)gt^2 + v_2 t + y_1 = -(1/2)gt^2 + v_2 t$ と表せます。したがって，鉛直方向に上がって，速度 $v=0$ となるまでにかかる時間は $t=0.79\,\text{s}$ となり，高さ $y=3\,\text{m}$ まで打ち上げられることがわかります。

別な方法で考えてみましょう。バネに蓄えられたエネルギーがこの物体の位置エネルギー PE に変換されたと考えると，$W_c = \text{PE} = mg(y_2 - y_1)$ より，$W_c = 0.1 \times 9.8 \times (y_2 - 0) = 3\,\text{J}$ となり，$y_2 = 3\,\text{m}$ と求められます。先のものと同じ結果を与えることがわかります。

まとめ

　地面と平行に走るためには，体重分を持ち上げる力も出していないと地面にめり込んでいってしまいます。このため，前向きと上向きの力を同時に出すために斜め方向に蹴るということを行います。数学でいうベクトル和を用いています。

　体重が重いと，斜めのベクトルの角度を大きくしなければならないので，蹴る角度は大きくなります。逆に蹴る角度を小さくすると，体重を支えるために斜めのベクトルを長くしないとならないので，つまり大きな力で蹴ることになります。

　陸上短距離走のスタート時の足を置く板の設定角度は，自分の体重とどのくらいの加速が欲しいのかによって決めることが大切です。

気　配

　チーターに追われるガゼルはまるで後ろに目がついているのではないかというようにジグザグに走ります。昆虫のコオロギなどは感覚毛と呼ばれるセンサを持っていて気流の強さ（加速力）および吹いてくる方向を察知し，気流の方向（気流源に対して 180° 方向）に逃げるということが報告されています。つまり，毛の揺れで近づくものを察知するというわけです。ガゼルも後ろの目として毛を使っているのかもしれません。われわれも，よく「気配を感じる」といいますが，皮膚に生えている毛がセンサとなっていると考えるのはおかしなことではありません。

　コオロギの感覚毛は尾葉という腹部の末端にある一対の突起上に生えています。その軸方向に倒れやすい感覚毛，それと直角方向に倒れやすいもの，また 45° 方向に倒れやすいものがあります。これらによって気流の方向を察知します。人間の毛もいろいろな方向に生えていますが，どの方向から気配がきたのかを感じとるためと考えられます。逃避方法や方向の決定は本能でなく，経験やその場の状況によって変わります。そうでないといつも同じパターンでは行動が読まれてしまって必ず捕まってしまうからです。

3.2 ダチョウの走りとマラソン

☐ ダチョウとマラソン

ダチョウはチーターの倍以上の体重 135 kgf がありながら，ほぼチーター並の速度 70 km/h で走ります。走り方は，チーターのような四つ足の走行とは違い，二足を交互に出して走ります。また，長距離を走ることができます。二足で長距離を速く走るダチョウの秘密と，同じく二足で走る人間のマラソンの運動をみていきましょう。

☐ ダチョウの体型と空気抵抗

ダチョウの各部の寸法を図 3.4 に示します。首の太さは 0.08 m，長さは 0.97 m なので，首の正面面積は $A = 0.08\,\mathrm{m}^2$ です。体は正面から見ると直径 0.50 m の円形です。したがって，体の正面面積は $A = 0.20\,\mathrm{m}^2$ です。

この体型で時速 $U = 72\,\mathrm{km/h}$（$= 20\,\mathrm{m/s}$）で走るときの空気抵抗 $D = C_D (1/2) \rho U^2 A$ は，首の空気抵抗 + 体の空気抵抗です。このとき，C_D は形状に応じた抵抗係数，ρ は大気の密度（$1.2\,\mathrm{kg/m}^3$）であり，$D = 1.1 \times (1/2) \times 1.2 \times 20^2 \times 0.08 + 0.1 \times (1/2) \times 1.2 \times 20^2 \times 0.2 = 26\,\mathrm{N}$ と求まります。

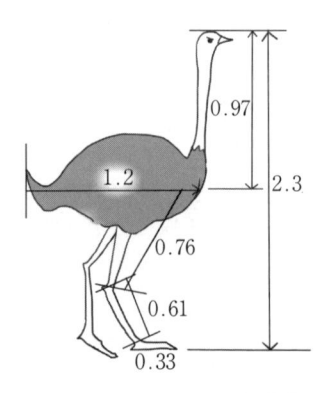

図 3.4 ダチョウの寸法 [m]

内訳を見ると，首にかかる空気抵抗が全体の 81% となっていることがわかります。この理由は，首が円柱という空気抵抗の大きな形で $C_D = 1.1$ であるのに対し，ボディの形状が回転楕円体のような形で $C_D = 0.1$ と小さいためです。脚で生み出す推進力 F は，空気抵抗と釣り合うだけの 26 N です。

❒ 脚を繰り出す

ダチョウの走りは体の上下動がかなり小さく,飛び跳ねる運動がないので,脚の運動は車に付けたタイヤの回転運動と同じだと考えられます。また,この推進力は指先に付いている爪がスパイクのように地面に突き刺さり,水平方向に力を与えていると考えられます。脚の長さは図3.4より$0.76+0.61+0.33=1.7$ mです。脚の付け根の筋肉で出すトルクTqは,脚の長さr×脚先の力Fですから,$Tq=1.7\times26=44$ Nmとなります。パワーPは推進力×速度ですから,ダチョウが走る際に必要なパワーは$P=26$ N$\times20$ m/s$=520$ Wです。

それでは,ここから開脚角度を求めてみましょう。歩幅は5 mくらいですので,20 m/sの速度で走るためには,1秒間に$n_s=4$歩進むことになります。ここで,1歩というのは片方の脚を地面に着けて,もう片方の脚を出し,それを地面に着けることをいいます。開脚角度をθとすると,回転角速度ωは4歩×$\theta=4\theta$ rad/sということになります。脚で出すパワーは,トルク×回転角速度であるため,脚の長さ×推進力×回転角速度$=1.7\times26\times4\theta=520$ Wから,開脚角度は$\theta=2.9$ rad$(=170°)$と求まります。

回転運動によるパワーはトルクと回転角速度ωとの積で表すので,必要パワーは$P=Tq\times\omega$と求められます。回転数をn(rpm,毎分回転数)で表すと,回転角速度との関係は$\omega=2\pi n/60$です。したがって,必要パワーは

$$P=Tq\frac{2\pi n}{60} \tag{3.4}$$

です。回転角速度を歩数と開脚角度で表すと,$\omega=n_s\theta$となるため,式(3.4)は$P=Tqn_s\theta$とも表されます。このことから推進力が大きいほど,脚が長いほど,歩数が多いほど,また開脚角度が大きいほど,大きなパワーを必要とすることがわかります。

❒ マラソンの走り

マラソンで体重$mg=70$ kgfの人が時速20 km/h($=5.56$ m/s)の一定速度で走っているときのことを考えてみましょう。かりに,脚の長さ$r=0.7$ m,

開脚角度 $\theta = 120°$ としましょう。1歩で進む距離 d は，$d = 2r\sin(\theta/2)$ と表せるため，体は $d = 2r\sin(\theta/2) = 1.21\,\mathrm{m}$ 進むことになります。したがって，42.195 km を進むためには，これを d で割って約 34 900 歩となります。これより，1歩で進む距離を大きくするためには脚の長さを長くするか，開脚角度を大きくする必要があることがわかります。なお，1秒間に n_s 歩で脚を繰り出すとき，1秒間で進む距離 L は $L = n_\mathrm{s}d$ で計算できます。

走ることに使うエネルギーの大半は，じつは体を地面から一定の高さに保つことに使われます。つまり，この回数だけ体を浮かすように高さ $h = r - r\cos(\theta/2) = 0.35\,\mathrm{m}$ ジャンプしているので，1回のジャンプに必要な位置エネルギーは $mgh = 240\,\mathrm{J}$ と求まります。これに歩数を掛けると全体のエネルギーが 8 380 kJ（= 2 000 kcal）と求まります。

これに対し，空気抵抗（$D = C_\mathrm{D}(1/2)\rho U^2 A$）と釣り合う推進力に必要なエネルギーは，抵抗係数 $C_\mathrm{D} = 1$，空気密度 $\rho = 1.2\,\mathrm{kg/m^3}$，走る速度 $U = 5.56\,\mathrm{m/s}$，人の投影面積 $A = 0.85\,\mathrm{m^2}$ とすると 15.8 N と求められ，これが推進力 F となります。この状態で 42.195 km を走るわけですから，必要なエネルギー（推進力×距離）は $15.8 \times 42.195 \times 10^3 = 667\,\mathrm{kJ}$（= 159 kcal）となります。体を浮かせるために使うエネルギーに比べると約 1/13 であることがわかります。

推進と体を飛び跳ねさせるエネルギーの総和である 9 050 kJ（= 2 155 kcal）がマラソンに必要なエネルギーとなり，これをおよそ2時間6分で消費するわけですから，パワーは $9\,050 \times 10^3/(2.1 \times 3\,600) = 1\,200\,\mathrm{W}$ となります。

省エネを考えるなら，① 体重が軽い，② 歩数が少ない，③ 脚が長い，④ 開脚角度が小さい，⑤ 空気抵抗が小さい，というのが有利になります。

☐ 地面をつま先で蹴る

地面を蹴るにはくるぶしを中心としたつま先の回転運動で行います。つま先における力の方向を**図3.5**に示します。先程のマラソンランナーで考えると，トータルの力 F_t は推進力 F と体重 W の合力ですから，$F_\mathrm{t} = \sqrt{(F^2 + W^2)} = \sqrt{15.8^2 + (70 \times 9.8)^2} = 686\,\mathrm{N}$ で蹴る角度は，$\alpha = \tan^{-1}(W/F) = \tan^{-1}(70 \times$

9.8/15.8）＝89°です。ほぼ垂直上向きに蹴り上げるイメージです。

足の大きさを $r_f=0.3\,\mathrm{m}$ とすると，くるぶし周りのモーメントは $M=r_f\times F_t=206\,\mathrm{Nm}$ です。これに回転角速度を掛けたものが1回の蹴りに要するパワーとなります。全部で $n=34\,900$ 歩ですから，これを掛けたものがトータルの消費エネルギーとなるためには，$M\omega n=9\,050\times 10^3$ です。したがって，ω

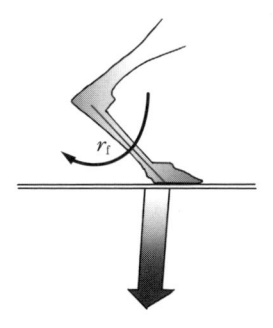

図3.5 つま先での力

$=1.26\,\mathrm{rad/s}$ と求まります。この速度で走っているとき，脚の回転数（蹴る回数）は1秒間に4.6回ですから，1回当りのくるぶし周りの回転角度は $0.27\,\mathrm{rad}=15.7°$ です。このように走れば2時間6分という記録になります。足が大きいほうがモーメントを大きくとれるので，角速度を低く抑えられ，ゆったりかつ速く走れることになります。

かかとを浮かせてつま先立ちで直立，歩行，走行する動物を趾行動物といいます。つま先立ちすることで脚全体の長さを稼ぐことができ，高速で走るには有利となります。ほとんどの地上性哺乳類，鳥類および恐竜はこの方式です。

まとめ

走るのに必要なエネルギーは，空気抵抗と釣り合うための推進力を生むものと，体を地面からある高さを維持させるためのジャンプ力に必要なものからなります。省エネをして長い時間走るには，それら二つのエネルギーを減らす工夫が必要です。人間の場合，推進力に対してジャンプ力を生むのに13倍ものエネルギーを必要とします。ダチョウの走りのように重心を地面からの高さが一定となるように保つような走りをすることで，ジャンプ力に必要なエネルギーを押さえることができます。これには股関節，膝，くるぶし，つま先の回転を上手く使う走りを考える必要があります。

3.3 垂直な壁に張り付くヤモリ

❏ ヤ モ リ

　爬虫類であるヤモリは，家の壁だけでなくガラス面にも張り付くことができます。寸法は図 3.6 に示すように，口先から尻尾の先まで 100 mm，前脚は口先から 18 mm，前脚と後ろ脚の間隔は 34 mm となります。体重は 3 gf です。重心は前脚と後ろ脚の中間（口先から 35 mm）にあります。お腹から背中までの高さは 8 mm と扁平です。指は脚にそれぞれ 5 本ずつ付いています。指先の 1.8 mm² の面積には 10 万本の剛毛が畝状に並んでおり，さらにその 1 本の剛毛の先端には 0.2 µm の大きさのへら状突起が何百個もついています。

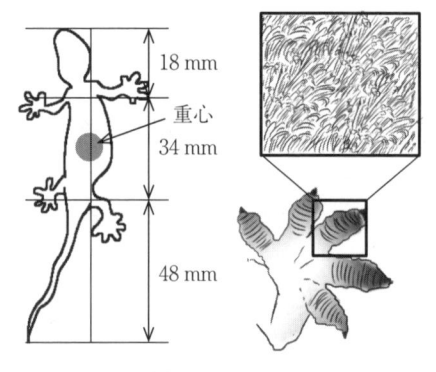

図 3.6　ヤモリ

　斜めの壁に張り付くのと垂直の壁に張り付くのとでは，その方法に大きな違いがあります。そのことについてみていきましょう。

❏ 斜面にいるときにかかる力

　ヤモリが斜面にいるときに脚で壁面を押す力を，簡単のために二次元で考えることにしましょう。図 3.7（a）に示すように前後ろの脚の中間に重心があるものが水平面に乗っているとき，重心から等距離にある脚ではその半分の重さで壁を押すことになります。これに対して，図（b）に示すように壁が水平から α 傾いたとき，重さ W は T_1 と T_2 に分解され，それぞれの壁に垂直成分が壁を押す力 F_1 と F_2 になります。それぞれ次式のように表されます。

56　　3．地上を上手に駆けまわる

（a）水平面　　　　　　　　　　（b）斜面

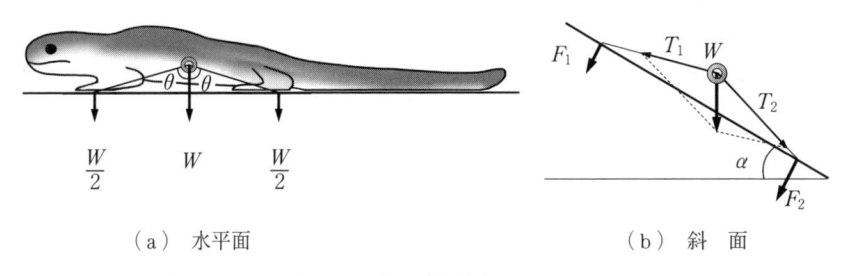

図 3.7　壁に張り付くヤモリ

$$\left.\begin{aligned} F_1 &= T_1 \sin\theta = W \frac{\cos(\theta+\alpha)}{2\cos\theta} \\ F_2 &= T_2 \sin\theta = W \left\{ \frac{\cos(\theta+\alpha)}{\tan 2\theta} + \sin(\theta+\alpha) \right\} \sin\theta \end{aligned}\right\} \quad (3.5)$$

これより，水平（$\alpha=0$）のとき，$F_1=W/2$，$F_2=W/2$ となることがわかります。また，$\alpha=90°-\theta$ のとき，$T_1=0$，$T_2=W$ となり，$F_1=0$，$F_2=W\sin\theta$ となります。つまり，前脚では壁を押せなくなります。結果，後ろ脚に全体重が乗るわけですが，壁との角度 θ が小さいので壁を押す力としては小さくなります。上述のヤモリでは重心と脚との関係から θ は 13° となり，$\sin 13°$ は 0.22 のため体重の約 1/5 の力でしか壁を押せなくなります。もし，摩擦力で壁に止まっているとすれば，摩擦係数が $\mu=0.3$ だとすると後ろ脚で発生する摩擦力は体重の約 1/15 となってしまうので，これで体重の $\sin(90°-13°)$ 分である 0.97W を支えるのは無理だということがわかります。ましてや前脚で押す力は 0 なので，当然これは体を支えるのになんら貢献をしていないことになります。

垂直な壁にいるときにかかる力

つづいて，壁が垂直（$\alpha=90°$）のときはどうなるか見てみましょう。式 (3.5) より，$F_1=(-1/2)W\tan\theta$，$F_2=(1/2)W\tan\theta$ となり，前脚は壁から引き離される状態，後ろ脚は摩擦では支えられない状態であることがわかります。傾き α の斜面で，滑らないで止まっていられる条件は $\mu W\cos\alpha \geq W\sin\alpha$ より

$$\mu \geq \tan \alpha \tag{3.6}$$

と表されます．摩擦係数 $\mu=0.3$ であれば $\alpha=16.7°$ 以下の斜面であれば滑らないことになります．また，倍の $\mu=0.6$ であれば $\alpha=31.0°$ 以下，$\mu=1$ であっても $\alpha=45.0°$ 以下となります．このことから，垂直の壁を登るためには摩擦は利用できないことがわかります．

❏ 摩擦を利用できないとき

　無重力環境では重力が作用しないので，壁を垂直に押す力を発生させられないため，摩擦を利用できません．そのため，壁に張り付くためには重力に代わるなんらかの力，例えば磁力などによって壁に押しつける必要が出てきます．回転する宇宙ステーション内では遠心力を使うことも有効です．

　水中で浮力によって重さが軽くなったときにもこの状況となります．プールで歩くときに，足がふわふわしてなかなか前に進めない経験があるでしょう．これは床面における摩擦が小さくなったためです．水中を歩行するカニをみてみると，脚先が鋭く尖っています．これをスパイク靴のピンのように海底に刺し，引っかけて進みます．

　ヤモリの脚先の細かな毛はヤモリだけにみられるのではなく，甲虫，ハエ，クモの脚にもみられます．毛の先端と壁とのファンデルワース力のような分子間力で張り付いているといわれています．毛1本による分子間力はそれほど大きくないので，支える体重が大きいほど毛の数を多く必要とします．

❏ ガラスを登るテントウムシ

　壁を登ることができる昆虫の肢先をみてみましょう．**図 3.8**（a）はアリのもので，鋭いかぎ爪が特徴です．これを壁面の凹凸に引っかけて登ります．これに対して，図（b）はテントウムシのものです．細かな毛が歯ブラシのように生えています．大半の毛の先端は鋭く尖っていますが，一部の毛の先端は吸盤状になっています．テントウムシがつるつるした面を登れるのはこの吸盤があるためです．

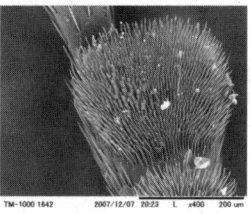

　　　　(a) ア　リ　　　　(b) テントウムシ
図3.8 アリとテントウムシの肢先

　吸盤が壁にくっつくのは，壁と吸盤との間の真空（圧力0）と吸盤外面に作用する圧力（大気圧1 013 hPa）との圧力差によるものです。

　テントウムシの吸盤の直径が$5\,\mu\mathrm{m}(=5\times10^{-6}\,\mathrm{m})$，吸盤の数が1本の肢に20個付いているとして，6本の肢で支えられる体重を求めてみましょう。1個の吸盤が受け持つ力Fは，圧力差（大気圧 − 真空）と吸盤の面積の積で求められ，$F=(101\,300-0)\times\pi(5\times10^{-6}/2)^2=2\times10^{-6}\,\mathrm{N}=0.2\,\mathrm{mgf}$です。この吸盤が全部で$20\times6$個あるので，$20\times6\times0.2\,\mathrm{mgf}=24\,\mathrm{mgf}$となります。

　ちなみに，日常で使う直径50 mmの吸盤では20 kgfの重さまで支えることができます。引き剥がすときは端から隙間に空気を入れ，圧力の差をなくせば簡単に剥がれます。このことから，宇宙空間における真空中では吸盤は使えないことがわかります。これに対し，水中では水圧が大気圧に加算されるので空気中より強い付着力となります。

ま と め

　垂直な壁を登る際には摩擦力は使えないことがわかりました。これに代わる力として，ヤモリの脚先に付いている細かな毛一本一本の分子間力や吸着力があります。一本の出せる力はそれほど大きくなくても数を増やせば支えられる重さを大きくできます。また，空気の力を利用した吸盤によってテントウムシは垂直な壁を登れます。空気の力を使っているということは，吸盤は真空の宇宙では使えないので，これとは別な方法を考える必要があります。

3.4 地面を足でつかむ

❑ 前に進むということ

歩く，もしくは走るとき，地面に与えた力が推進力として戻ってくることで前に進めます。路面をつかむ力，すなわちグリップ力をより多く得るために，動物たちは直接地面と触れる足裏のパターンを工夫しています。歩くときだけではなく，ものをつかむときにもこれは重要なこととなります。

❑ 動物の歩き方と爪

動物の歩行の方法は，図3.9に示すように，地面への足の着け方によって，蹠行性，蹄行性，趾行性に分けられます。蹠行性のものは足裏全体を地面に着けて歩きます。ヒトを含む霊長類，ウサギ，クマなどがこれにあたります。体重を広い足裏の面積で支えるため，例えば柔らかい草の上や泥のようなところでも沈み込みを小さく抑えられます。

蹄行性のものは踵を浮かせて蹄を地面に着けた，つま先立ちの状態で歩行します。脚全体の長さを稼いで高速で移動するのに有効です。これには，脚の回転の基点となる蹄が地面にしっかりと固定される必要があります。回転軸の方向は進行方向と直角ですから，蹄はスパイク状ではなく横に広がった形となり

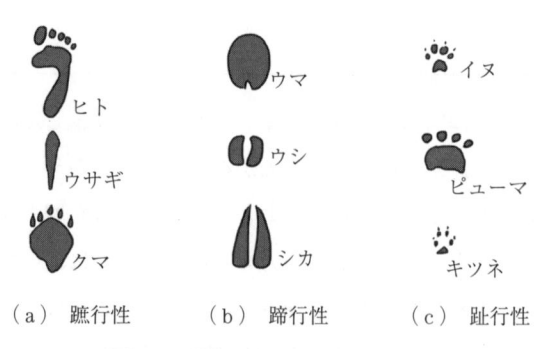

(a) 蹠行性　　　(b) 蹄行性　　　(c) 趾行性

図3.9　動物の地面への足の着け方

ます。ウマなどの奇蹄類，ウシやシカなどの偶蹄類，ゾウがこのような歩き方をします。

　趾行性のものは踵を浮かせてつま先立ちで歩行します。イヌやピューマ，キツネなど多くの哺乳類と鳥類がこのタイプです。蹄行性と違って木にも登るために，爪はスパイク状となって引っかかるようになっています。

□ 鳥　の　足

　鳥の足では指に相当する部分を趾と呼び，図 3.10 のハヤブサの足に示すように，多くの鳥が後ろを向く第 1 趾と前を向く 3 本の趾を持っています。趾の先にはかぎ爪がついています。また，足裏および趾には肉球（パッド）と呼ばれる毛のない柔らかい盛り上がった部分があります。さらに，表面は顆粒状になっています。このような形は木の枝をつかむのに適しています。

　いろいろな鳥の足を図 3.11 に示します。水鳥のカモでは水かきが趾の間にあります。ヒクイドリやエミューでは第 1 趾が退化して三趾，ダチョウではさらに第 2 趾も退化して二趾となっています。ダチョウの足は第 3 と第 4 趾の二趾でできています。指関節には毛のような突起で覆われた肉球がついています。これらは地上を走るのに適しています。同じような状況の地面を移動するカンガルーの後ろ足の構造もダチョウとよく似ています。また，アカゲラといったキツツキの仲間は，前向きに 2 本，後ろ向きに 2 本の趾を持っており，木に垂直につかまることができます。

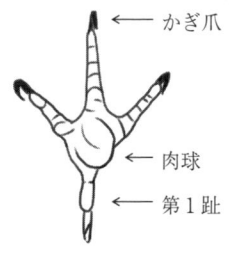

←かぎ爪
←肉球
←第 1 趾

図 3.10　ハヤブサの足

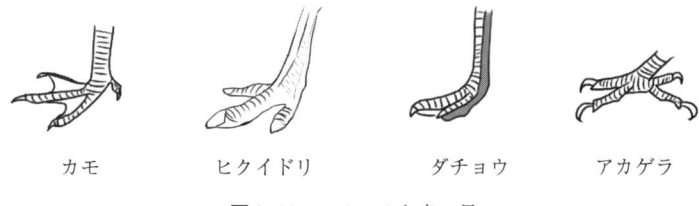

カモ　　ヒクイドリ　　ダチョウ　　アカゲラ

図 3.11　いろいろな鳥の足

3.4　地面を足でつかむ

◻ タイヤに刻まれている溝

爬虫類の足裏を図3.12に示します。住む環境によって足裏のパターンが異なっていることがわかります。コモドオオトカゲの足裏は，まるで人間の手のひらのようです。リクゾウガメでは水はけがよいように，溝が網の目のようになっています。前節で取り上げたヤモリの足裏は，50万本の剛毛の分子間力を使って壁に張り付くことができるパターンになっています。動物は長年の歳月をかけて，住む環境に適したパターンを足裏に持つようになり，このパターンに応じた効果はさまざまです。

コモドオオトカゲ　　　リクゾウガメ　　　　ヤモリ

図3.12　爬虫類の足

地面と接する部分のパターンを工夫することは，生活するうえで非常に重要なことだと考えられます。車のタイヤを例にみてみましょう。図3.13に示すように，タイヤはいくつかのパターンの溝を組み合わせた構造となっています。

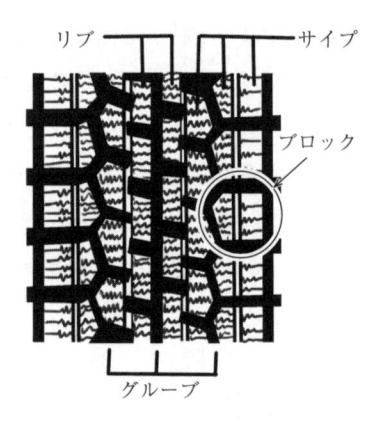

図に示すように，タイヤ表面にきざまれた太い横溝をグルーブ，細い横溝をサイプ，周方向に通した畝状パターンをリブ，独立したパターンをブロックといいます。路面と接するのはリブとブロックです。これらが変形することで，エッジが路面の細かな凹凸に引っかかり，グリップ力を上げています。ブロック状なので前後だけでなく横方向に対してもグリップ力が大

図3.13　タイヤの溝の形

きくなるために，独立したごつごつとしたブロックが配置されたタイヤは積雪路，ぬかるみ，砂等の路面で使用する車に取り付けられます。グルーブは濡れた路面と接地する面との間にある水の排出に効果を出します。サイプはブロックを柔らかくしたり，細かな溝の縁が路面の細かな凹凸に引っかかることを増やすことによって，グリップ力を上げる効果があります。

◻ 靴底のパターン

つづいて，靴底（アウターソール）をみてみましょう。砂利道またはごつごつした悪路，雪路，滑りやすい泥道等には凸凹の大きなパターンの硬めのゴムのものが使われ，ミッドソールにクッション性を重視した素材のものが使われます。通常の平坦な路では細かなパターン，もしくは滑らかな底面のもので，どちらかといえば硬いものが使われます。パターンの形状も丸，三角，四角等のように幾何学的なもの，横溝，縦溝，それらの組合せと多種多様です。グリップ力を意識してデザインされています。

走行には靴底の性質が大きく影響するといわれています。図 3.14 に示すのはマラソン用に開発されたシューズで，上のものはグリップ力を上げるよう設計されています。また，下のものは濡れた路面でもグリップ力が出るよう籾殻を配合したスポンジラバーが使われ，水の排出をうまくできるよう工夫されたパターンが施されています。

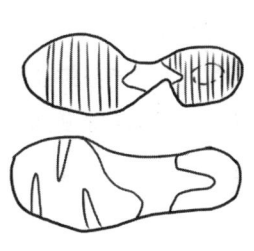

図 3.14　靴底のパターン

まとめ

路面とのグリップ力を単に摩擦だと考えると，なぜこのように多様な足裏パターンがあるのか疑問となります。パターンの溝は水はけを，パターンのブロックの縁は爪の働きのように路面に引っかける役割と考えたほうがよいようです。どのような路面を歩いたり走ったりするかによって，適切な靴底パターンを設計できるとよりよいスポーツシューズの開発につながります。

3.5 カレーライスでどのくらい走れるのか？

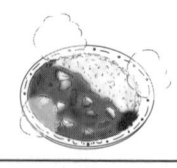

◻ マラソンで消費するカレーライスの量

マラソンで 42.195 km を進むために必要なエネルギーは，3.2 節で見積もったように，体を地面から一定の高さに保つための 8 380 kJ（= 1 995 kcal）と空気抵抗と釣り合う推進力を出すための 667 kJ（= 159 kcal）の合計 9 050 kJ（= 2 155 kcal）となります。カレーライスは 1 杯 1 000 kcal ですから，マラソン 1 回で 2 杯分くらいに相当するエネルギーを消費するということになります。だからといって，カレーライス 2 杯食べればそれだけのエネルギーを得られるかというとそうではありません。じつは食品に記載されるカロリーはその食品を燃やしたときどのくらいの熱量が出るかということを表しています。エネルギーの使い方について考えてみましょう。

◻ エネルギーと仕事

活動するということはエネルギーを使うことです。エネルギーとは仕事を行うことができる潜在的な能力のことをいい，エネルギーそのもので仕事をするわけではありません。エネルギーを仕事に変換する必要があり，これにはエンジンやモータのような装置が必要となります。仕事 W というのはある大きさの力 F で力をかけた方向にあるなにかを，距離 x 動かしたとき，$W = Fx$ で表されるものです。力をかけても動かさなければ仕事にはなりません。また，力の方向と移動の方向が一致していないと仕事をしたことになりません。

例えば，重いものを垂直方向に持ち上げるとか下ろすというのは仕事になりますが，持ったまま高さを変えずに水平方向に動かしても仕事になりません。持ち上げるもしくは下ろすということは，上下で方向の符号が違っても同じ線上にあるので仕事になります。これに対して，水平方向に動かすのは重力の方向と直交しているため，仕事にならないのです。斜め方向に力を加える，あるいは斜め方向に持ち上げるのは，垂直成分があるため仕事になります。

エネルギーの形態として、太陽エネルギー（光エネルギー、熱エネルギー）、運動エネルギー、位置エネルギー、電気エネルギー、化学エネルギー等があります。エネルギーは形態を変え、移動します。例えば、植物では光エネルギーを光合成によって糖という化学エネルギーに変換して蓄えます。山の上にある石の位置エネルギーは落下によって運動エネルギーに変わります。形態が変わっても、もともと持っていた仕事ができる能力の量、すなわち、エネルギーの総和は変わりません。これをエネルギーの総和量は保存されるといい、エネルギー保存則と呼びます。

❒ エネルギーの役割分担

物質（システム）を構成している分子の持つ運動エネルギーを内部エネルギーと呼びます。内部エネルギーを E、熱エネルギーを Q、仕事を W で表すと

$$E = Q + W \tag{3.7}$$

となります。熱エネルギーと仕事はシステムの境界を通してやりとりされます。その際における収支決算したとき手元（システム内）に残るエネルギーが内部エネルギーです。式 (3.7) で表された関係を熱力学第一法則といい、閉じたシステム（エネルギー、仕事のやりとりだけが行えるシステム）におけるエネルギー保存則を表します。

流れを伴う開いたシステム（エネルギーだけでなく物質のやりとりも行えるシステム）において、その物質（システム）が持つ内部エネルギー E と仕事ができる能力 pV の和をエンタルピー H と呼び、次式のように表します。

$$H = E + pV \tag{3.8}$$

分子運動の方向はランダムですが、仕事は方向を持った運動ですので、エンタルピーは運動として取り出せないエネルギーと、ある方向の運動として取り出せるエネルギーの総和と言い換えることができます。

❒ すべてのエネルギーを仕事に使えるわけじゃない

仕事として取り出せるエネルギーのことを有効エネルギーと呼び、生体のよ

うに等温，等圧条件でエネルギーを使う状況では「ギブスの自由エネルギー」と呼びます。このとき与えられた熱量はエンタルピーの変化に等しくなります。つまり，食べ物の熱量（食品はキロカロリー（kcal）で表示）は，そのままエンタルピーと同じであると思ってよいということです。

熱力学第二法則によれば，必ず低熱源に捨てる部分がないとサイクルとして仕事を取り出せないことになっています。食べ物が持つエネルギーを図3.15に示します。食べ物が持っているエネルギー（エンタルピー $H=G+T_S$）は，有効エネルギー（ギブスの自由エネルギー $G=Q_H=Q_L+W$）と，仕事に使えない無効エネルギー T_S に分けられます。有効エネルギーは仕事 W と，大気中のように周囲の環境に熱として放出する損失エネルギー Q_L に分けられます。ここで，仕事の効率 η は有効エネルギーのうち何％を仕事に使えたかということを表し，図中のリンゴでは，$\eta = W/Q_H = (Q_H - Q_L)/Q_H = (70-50)/70 = 0.29 = 29\%$ となります。これに対し，食べ物が持つエネルギーの利用効率 η_t は $\eta_t = W/H$ で表されます。図3.15に示した場合では $\eta_t = 20/100 = 20\%$ ということになります。

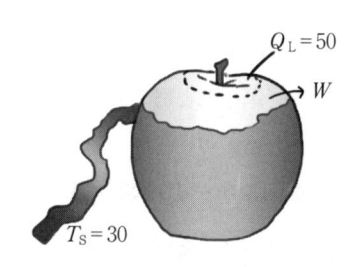

図3.15 食べ物が持つエネルギー

$Q_L = 50$
W
$T_S = 30$

◻ 走るのに必要なエネルギー

体重60 kgfの人が100 mを9秒で走るときのエネルギーは，加速時に約1 kcal（=4 200 J），一定速度で走っているときは約2.6 kcal（=11 000 J）が必要となります。したがって，100 m走るのに合計3.6 kcal（=15 200 J）のエネルギーが最低でも必要となります。これを得るためには，効率 $\eta_t = 20\%$ の場合，逆算するとカレーライス約半さじ分くらい（ひとさじ約40 kcal）に相当する18 kcalを摂取すればよいことになります。

体重60 kgfの人が建物の4階までの20 mを駆け上がるときを考えてみましょう。重力と反対方向にかけた力 F は $60 \times 9.8 = 588$ N です。したがって，

仕事は力に距離を掛ければよいので，$588 \times 20 = 11\,760$ J（$= 2.8$ kcal）と求められます。かかった時間が40秒だったとすると，パワー P は $11\,760/40 = 294$ W となります。1馬力$= 735.5$ W ですから馬力に換算すると，0.4馬力のパワーになります。

　食べ物が持つエネルギーの利用効率が $\eta_t = 20\%$ の人であれば，上述の 2.8 kcal を得るために 14 kcal の食べ物をとればよいので，1 000 kcal のカレーライスを3分の1さじ，もしくはキャラメル1粒（16 kcal）を食べればよいことになります。このエネルギーのうち仕事以外には体の脂肪として蓄えられたり，排泄されたり，大気中に熱エネルギーとして放熱されることになります。低熱源である環境にこのように熱量を捨てると環境のエントロピーが増大します。このことから，捨てるエネルギーを減らすことが環境への影響を少なくすることになります。すなわちエネルギーの利用効率を上げる必要があるのです。

ま と め

　食品に表示されているカロリーはあくまでもその食品が保有している熱エネルギーであって，それをすべて仕事に使えるわけではありません。生物の中には食べ物を頻繁にとらなくても生きていけるものが多く存在します。エネルギーを仕事に変えるそれらの体の仕組みに注目です。

コラム　食べ物のカロリー

　食べ物のエネルギーはボンブ熱量計というもので計られます。原理は，容器の中で食べ物を燃やしてその熱で暖まった水の温度上昇からエネルギー保存則を用いて物理的に求めるものです。乾燥状態のエネルギーは炭水化物 4.3 kcal/g，タンパク質 5.3 kcal/g，脂肪 9.5 kcal/g ですが，食品の表示にあるカロリー数は炭水化物 4 kcal/g，タンパク質 4 kcal/g，脂肪 9 kcal/g としてそれぞれに含まれる分量を掛けて求めています。例えば，それぞれが順に 54.8 g，5.2 g，35 g 含まれているとすれば，この食品のエネルギーは 555 kcal と求められます。

4 植物が生き延びてきた術

◆素材：スギ，原形質流動，ザゼンソウ，オナモミ，イモ，ハス，バラ
◆道具：熱力学，流体力学，材料力学

□ 植物の進化と歴史

　本章では植物が生きていくうえで身につけた，興味深い構造や性質に着目しますが，ここで対象とする「植物」は，陸上における裸子植物，被子植物です。地上の植物の歴史は，図4.1に示すように，およそ4億8千万年前（古生代オルドビス紀）に葉緑体を持ったコケ類が陸上に現れたことに始まります。このころ昆虫も現れました。

　4億3千万年前（古生代シルル紀）にはシダ類で種子を作るものが現れましたが，1億3千万年後には絶滅してしまいます。その後，3億6千万年前（古生代石炭紀）に裸子植物が現れ，このシダ類は木のように大きくなりました。2億4千万年前（中生代三畳紀）にはソテツ類が現れ，このころ恐竜も出現

年〔億年前〕	5.4	5.0	4.4	4.1	3.6	3.0	2.5	2.0	1.4	0.7	0.2
時代	古生代						中生代			新生代	
紀	カンブリア紀	オルドビス紀	シルル紀	デボン紀	石炭紀	二畳紀	三畳紀	ジュラ紀	白亜紀	第三紀	第四紀

図4.1　植物の歴史

し，2億年前（中生代ジュラ紀）には恐竜とともに裸子植物が繁栄しました。その後の1億3千万年前（中生代白亜紀）に被子植物が現れ，6 500万年前の新生代第三期には裸子植物と被子植物が混じる現在の森林が形成されました。皮肉にもそのころ恐竜が絶滅しました。

このように，長い年月をかけて多種多様な植物が誕生と絶滅を繰り返し，進化をしてきました。そして，植物は生息する環境に応じてさまざまな技術を身につけ，あらゆる場所で生息しています。これは優れた技術を持ったものだけが生き延びてきたともいえます。ここから学べることは多そうです。

植物のさまざまな機能

地球規模の水の循環の中で，植物は地面から水を根から吸い上げ，葉から空気中に蒸気として放出する機能を持っています。どのようなメカニズムで吸い上げているのかについてみていきます。また，生物の食物連鎖において植物は生産者としての役割を担っています。植物自身も生きていくうえで，自分で作ったエネルギーを利用するために細胞という最小単位において活発に活動しています。さらに種を保存するための工夫，環境から身を守る機能についてみていきます。

本章では植物から生きる方法を学びます。

4.1 植物の水の吸い上げ　水を吸うメカニズムに流体力学から迫ります。

4.2 植物がしている運動　植物細胞内では流動がみられます。流動のメカニズムとなぜ流動するのかについて考えます。

4.3 熱を発するザゼンソウ　周りの雪を溶かすほど熱を発するザゼンソウという植物があります。熱力学の観点から，発熱と熱の伝わり方を考えます。

4.4 棘でくっつくオナモミ　動物の毛にくっついて種を遠くに運んでもらうオナモミから，引っかける力学について学びます。

4.5 水を弾く葉っぱと花びら　ハスの葉っぱが水を弾くいわゆるロータス効果，花びらの水滴をくっつけておけるペタル効果について考えます。

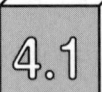

4.1 植物の水の吸い上げ

☐ 植物による吸水の不思議

植物がどうやって水を吸い上げているかを考えたことはあるでしょうか。植物において，根からの吸水 → 導管 → 気孔からの蒸散の一連の流れを蒸散流といいます。導管という表現は根と茎葉をつなぐ一つの長い管という工学的な意味で使います。ちなみに，生理学的には道管と表現します。

さて，この蒸散流のメカニズムについては諸説あって，よくわからないのが現状です。なぜよくわからないかというと，仮説が多く，それを裏付ける導管内の流量，気孔からの蒸散量，水ポテンシャル，導管・師管の寸法や数，導管壁・葉の細胞などと水との接触角等，物理的諸元のデータに乏しいということが原因です。植物生理学の人たちは，水ポテンシャルと表現するギブスの自由エネルギーの高低差の力で，植物が水を吸い上げていると考えています。しかし，具体的な駆動源とメカニズムがよくわかっていないので，物理的な観点から考えていくこととします。

☐ 吸い上げは 10 m が限界？　木のモデルで考える

「吸う」ということは，ストローの中の水先端にかかる圧力を大気圧より低くして，差圧によって水を押し上げることです。水を 10 m 以上の長いストローでその先を真空にして吸ったとしても，大気圧が 1 気圧だと水は計算上 10 m までしか上がってきません。このため，高さが 10 m 以上もあるような高い木が水を吸えるのはなぜか？　ということが疑問になります。

ここで，例えば 20 m の高さの木で水の流れのモデルを作ってみましょう。モデルを用いて記述できなければ，自然の法則にのっとっていないことになります。図 4.2 に示すように，主管の先端で n 本に分岐する管（分岐管）を持つものの流れに関して考えてみましょう。分岐管の先端には気孔がついていて，大気に開放されているとします。これは，流体力学における質量保存則で

ある連続の式から $\pi(d_1/2)^2 u_1 = n\pi(d_2/2)^2 u_2$ と表せます．ここで，u_1 は主管を流れる速度，u_2 は分岐管1本を流れる速度です．また，エネルギー保存則である損失を含むベルヌーイの式から，$(1/2)\rho u_1^2 + p_1 + \rho g h_1 = (1/2)\rho u_2^2 + p_2 + \rho g h_2 + \varsigma_v(1/2)\rho u_1^2 + n\varsigma_b(1/2)\rho u_2^2 + n\varsigma_t(1/2)\rho u_2^2$ と表せます．ここで，$\varsigma_v = \lambda_v(L_1/d_1)$，$\zeta_b$，$\varsigma_t = \lambda_t(L_2/d_2)$ はそれぞれ主管の管摩擦抵抗係数，分岐の抵抗係数，分岐管の管摩擦抵抗係数です．λ_v，λ_t はそれぞれ主管と分岐管の管摩擦係数であり，レイノルズ数 Re から $\lambda = 64/Re$ によって求められます．また，ρ は水の密度，g は重力加速度です．

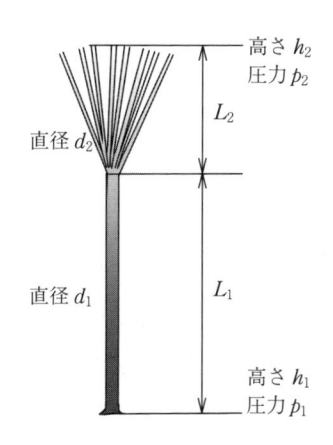

図4.2 木のモデル

もし，主管と分岐管における流速が同じだとすると，連続の式において $u_1 = u_2$ の条件を満たす分岐管の本数 n を求めると

$$n = \left(\frac{d_1}{d_2}\right)^2 \tag{4.1}$$

となります．つまり，分岐管の本数は主管と分岐管の直径比がわかれば求められるということになります．例えば，直径比 $d_1/d_2 = 20$ の場合は $n = 400$ です．また，分岐管の本数が式（4.1）により求められる本数より多いときには，分岐管の流速は主管のそれより遅くなり，逆の場合は速くなります．

分岐管内を流れる条件を調べるために，ベルヌーイの式を次式のように変形します．

$$(1 + n\varsigma_b + n\varsigma_t)\frac{1}{2}\rho u_2^2 = (1 - \varsigma_v)\frac{1}{2}\rho u_1^2 + (p_1 - p_2) + \rho g(h_1 - h_2) \tag{4.2}$$

左辺は分岐管内の流れを表し，それが右辺の主管の流れとつり合っていることを表しています．分岐管内に流れがあるためには $u_2 \neq 0$ ですから，式（4.2）の右辺の総和は正でなければなりません．ここで，$L_1 = 15\,\mathrm{m}$，$d_1 = 100\,\mu\mathrm{m}$，$u_1 = 100\,\mu\mathrm{m/s}$，$h_1 = 0\,\mathrm{m}$，$L_2 = 5\,\mathrm{m}$，$d_2 = 5\,\mu\mathrm{m}$，$h_2 = 20\,\mathrm{m}$，$p_2 = 1\,\mathrm{atm}$ と仮定し

て，各項の大きさを比較してみましょう．

　水の動粘性係数が $\nu = 1 \times 10^{-6}$ ですから，レイノルズ数は $Re = d_1 u_1 / \nu = 0.01$ となり，主管の管摩擦抵抗係数は $\lambda_v = 6 \times 10^3$ と求められます．この値から管摩擦損失係数は $\zeta_v = \lambda_v L_1 / d_1 = 1 \times 10^9$ と計算できます．したがって，式 (4.2) の右辺第一項は $(1 - 1 \times 10^9) \times (1/2) \times 1\,000 \times (100 \times 10^{-6})^2 = -5 \times 10^3$ Pa となります．また，右辺第三項は $1\,000 \times 9.8 \times (0 - 20) = -2 \times 10^5$ Pa です．

　式 (4.2) の左辺は必ず正です．そのためには右辺における各項の総和が正の値とならなければならないので，圧力差の項は $(p_1 - p_2) > 2 \times 10^5$ となることがわかります．すなわち，根と 20 m 上方の気孔との間の圧力差が 2 気圧以上あれば，分岐管内に水を流すことができることになります．別の言い方をすれば，開放端である気孔における圧力が大気圧であるとすれば，根は 2 気圧で水を押し上げればよいことになります．つまり，葉で吸い上げるのではなく，根で押し上げるということです．根でどのくらいの圧力を発生できるかですが，植物細胞の内圧が 7 気圧程度とされていますので，植物の組織が耐えられる圧力が 10 気圧程度ではないかと考えられます．このことから，木の高さは 100 m くらいが限界ということになります．現存する最も高い木は，アメリカにあるセコイアメスギという種類の木で，115.61 m の高さがあります．木が水を吸い上げられる限界に近い高さです．

　ちなみに，ベルヌーイの式から木の内部に水を流す仕事は，2×10^5 Pa $\times (100 \times 10^{-6}/2)^2$ m$^2 \times \pi \times 100 \times 10^{-6}$ m/s $= 6 \times 10^{-7}$ W，すなわち，0.6 μW の仕事をしていると見積もれます．また，分岐の数を $u_2 = 0.4$ μm/s とすると，先に示した条件と連続の式から $n = 100\,000$ 本と見積もれます．逆に主管と分岐管の直径比や分岐の数などの構造観察と流速測定ができれば上述のことが確かめられます．

◻ 切り花の吸水

　細い管を水に立てると，管の中の水位が管の外の水位より高くなります．これを毛細管現象といいます．水が，管の開放端にある水面のメニスカス部分で

支えられている必要があります。この力は表面張力で，このときの様子を**図4.3**に示します。毛細管現象としてよく知られているように，直径 d の直立細管内を上がってくる水の高さ h はつぎのように表されます。

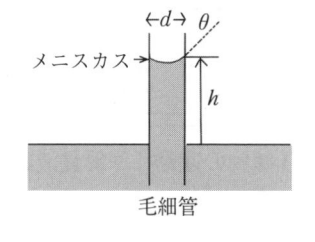

$$h = \frac{4\sigma \cos\theta}{\rho g d} \quad (4.3)$$

図 4.3 切り花の吸水

ここで，θ は水面と管壁面との接触角で 10°くらいです。σ は水の表面張力で，20℃のとき $\sigma = 0.073\,\mathrm{N/m}$ です。

管の直径を $d = 100\,\mathrm{\mu m}$ で計算してみると，上がってくる水の高さは $h = 0.3\,\mathrm{m}$ となります。$d = 5\,\mathrm{\mu m}$ では 6 m になります。逆に，20 m 上げるには直径が 1.5 μm と求められます。つまり，管が細ければ細いほど高くまで上げられるのですが，メニスカス部分で $\rho g \pi (d/2)^2 h$ の水の重さを支えなければなりません。先程逆算した $h = 20\,\mathrm{m}$ の場合では，水の重さは 0.35 μg となります。切り花における水の吸い上げは表面張力による毛細管現象で説明できそうです。

まとめ

植物はどうして水を根から葉に輸送できるのかを，流体力学を使って考えてみました。結局，根において圧力を発生させて水を持ち上げるという仕事によって考えられることがわかりました。しかし，切り花でも水を吸い上げられることから，根の圧力以外にも毛細管現象にみられる表面張力や蒸散による凝集力も複合的に作用していると考えられます。

それぞれの力が水の輸送にどれほど寄与しているのか，葉で作った栄養分を各細胞に行き渡らせられるのか，細胞間での水のやりとりなど，まだ解き明かさねばならないことが多く残されています。いかに条件を絞り込んで各機能の役割を浮き上がらせられるかは，本項のような流れのモデル作りにかかっています。本筋を見出す目を養いましょう。

4.2 植物がしている運動

■ 植物の運動「原形質流動」

植物細胞内を顕微鏡で覗くとあるものが動いています。その動きによって細胞内の液体が流れているようにみえることから，原形質流動と呼ばれています。しかし，液体が流れているのか，粒状のものが動いているのか，区別がつきません。ここではまず，植物細胞内に含まれるものはなにか，それらは自分で動けるのか，流れがあるとするとどのように流れを生み出しているのかを考えていきましょう。

■ 植物細胞

植物細胞の大きさは通常 5～100 μm 程度です。細胞壁と細胞膜で囲まれた中の細胞質基質というタンパク質と水の混合のゾル状液体中に細胞小器官，繊維状のネットワーク，細胞核が集まって細胞を形成しています。細胞小器官にはミトコンドリアや液胞等があります。繊維状のネットワークを形成するものは細胞骨格と呼ばれ，運動を司るタンパク質繊維の直径 7 nm の微小繊維と直径 25 nm の微小管があり，形を保つための骨組み構造体として直径 10 nm の中間径繊維があります。

■ 生命活動のエネルギー

植物細胞は外から栄養（無機物，有機化合物）を取り込み，化学反応を用いた代謝によって生命活動を恒常的に行っています。ミトコンドリアは呼吸によってグルコース（$C_6H_{12}O_6$）を酸化し，二酸化炭素と水に分解します。このとき，生体内で使えるエネルギー源となる ATP（アデノシン三リン酸）を生成します。呼吸は解糖系＋クエン酸回路＋電子伝達系の 3 段階のステップで行われ，最終的に化学反応式として

$$C_6H_{12}O_6 + 6H_2O + 6O_2 \rightarrow 6CO_2 + 12H_2O + 38ATP + 熱 \qquad (4.4)$$

と表されます。つまり，1 mol のグルコースから 38 mol の ATP が生み出されます。

ちなみに，ATP のエネルギーは 30 kJ/mol なので 38ATP のエネルギーは 1 140 kJ（271 kcal）となります。もともと，1 mol のグルコースが持つエネルギーは 2 808 kJ なので，ミトコンドリアは 41% のエネルギー変換効率で，グルコースから生体内で使えるエネルギーを生み出していることになります。

葉緑体は光のエネルギーを使って二酸化炭素と水を合成し，グルコースやデンプン（$C_6H_{10}O_5$）$_n$ などの有機物と酸素を生産します。光合成は光化学反応＋カルビン回路の 2 段階のステップで行われ，最終的に化学反応式は

$$6CO_2 + 12H_2O + 光エネルギー \rightarrow C_6H_{12}O_6 + 6H_2O + 6O_2 \qquad (4.5)$$

と表されます。それぞれが持つエネルギー収支から，この反応式が成り立つのに必要な光エネルギーは 1 260 kJ です。二酸化炭素と水が持つエネルギーにこの光エネルギーを足してグルコースを作り，化学エネルギーとして蓄えます。

☐ 原形質流動はなぜ必要か？

そもそも，なぜ原形質流動が必要なのでしょうか。これは，生命活動を行うための材料を細胞小器官に送る必要があるためです。式（4.4）にみられるように，ミトコンドリアにはグルコースに代表される糖や炭水化物，水，酸素を供給しなばなりません。また，生成物である二酸化炭素，水，ATP を，必要としているところへ送らなければなりません。また，葉緑体には二酸化炭素と水を送り，生成物のグルコースをミトコンドリアに送る必要があります。また，ATP はいろいろなところで使いますから，これも細胞内に散らばらせる必要があります。

☐ 流れを起こす方法

物質を輸送する方法としては，拡散と移流が考えられます。まず，拡散についてみてみましょう。定常状態の拡散はフィックの法則という法則に従います。拡散流束（単位面積を通過する量）J は，濃度勾配 $(c_2-c_1)/L$ に比例

し，その比例係数 D 〔m^2/s〕を拡散係数といいます．ここで，L は 2 点間の距離を表します．したがって，拡散流束 J は次式で表されます．

$$J = D\frac{c_2 - c_1}{L} \tag{4.6}$$

一次元で時間的に変化する非定常であるとき，濃度 c〔kg/m^3〕は拡散係数が定数 D である場合，次式に示す拡散方程式で表されます．

$$\frac{\partial c}{\partial t} = D\frac{\partial^2 c}{\partial x^2} \tag{4.7}$$

この偏微分方程式を解くと，$x=0$ の点における拡散流束 J はその点の $t=0$ のときの濃度 c_0 を使って

$$J = \sqrt{\frac{D}{\pi t}}\, c_0 \tag{4.8}$$

のように表されます．時間の逆数の平方根で拡散流束が減少します．$x=0$ の点で観察していると，時間が経つほど拡がる量が少なくなるということを意味しています．また，D が大きいと拡散流束 J が大きいため拡がる量が多く，逆に D が小さいと拡がる量は少なくなることがわかります．

拡散係数 D の具体的な値は，25℃の水中の CO_2 が $D=1.70\times10^{-9}$，ショ糖が $D=5.22\times10^{-10}$ です．これらを比較すると，同じ濃度勾配のとき CO_2 はショ糖の 3 倍速く拡散することを意味します．ショ糖の場合をみると，10 cm の深さの容器に角砂糖を入れた場合，表面まで拡散してくるのに $0.1^2/D = 2\times10^7$ s かかることを意味しています．1 日は 86 400 s なので，231 日（約 8 か月）の時間を要します．一方で，細胞の大きさを 10 μm とすると $(10\times10^{-6})^2/D=0.2$ s となり，CO_2 では $(10\times10^{-6})^2/D=0.06$ s です．したがって，細胞内では人間からみればほとんど一瞬で細胞内に拡散してしまうことがわかります．

移流させるためには，ポンプやスクリューのような機械的に流れに動力を与える機構が必要となります．必要動力は流す流量に比例します．この流れがつぎに示す原形質流動でみられます．

☐ シャジクモにおける原形質流動

スケールが小さい場合は拡散で十分な流れが得られるのですが，大きい場合は混ざるまでに時間がかかりすぎてしまいます。シャジクモという藻の一種では一つの細胞が 10 cm 程度になるため，拡散のみで端から端まで輸送させるには，先程の計算でいえば 8 か月かかることになります。シャジクモの原形質流動の速度は，5 μm/s と計測されており，これは 20 000 s = 5 時間半で端から端まで移動させる流れが生じていることになります。拡散とは別に流れを生じさせている仕組み（移流）がありそうです。

流れを起こしているのは，図 4.4 に示すように，細胞膜に分布している葉緑体の上にアクチンレールと呼ばれる繊維状組織である細胞骨格の上をミオシンという運動性タンパク質が顆粒を担いで走るためです。この顆粒が水車の羽の役割となり，液体を動かします。顆粒は小さく $Re = 10 \times 10^{-6}$ 程度なので，顆粒が動いた影響は粘性によって伝わり，摩擦力だけで周囲流体を引っ張ります。このとき，動粘度

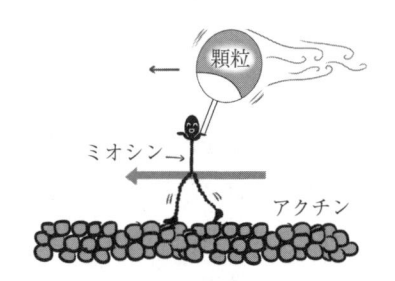

図 4.4 原形質流動のしくみ

（$\nu = \mu/\rho$）は拡散係数と同じ役割です。水の場合 $\nu = 1.0 \times 10^{-6}$ ですから，粘性が 10 μm を伝わるのにかかる時間は $(10 \times 10^{-6})^2/\nu = 1.0 \times 10^{-4}$ s です。動いた影響が一瞬で細胞内に伝わることを意味しています。

まとめ

細胞内の物質輸送では，サイズが 10 μm より小さい領域では拡散という方法のほうが有利です。サイズがそれ以上だと，移流を使うほうが速く，細胞内に物質，エネルギーを運ぶことができます。運動できる組織であるアクチン-ミオシンが流体の粘性を使って移流を起こさせます。

4.3 熱を発するザゼンソウ

■ ザゼンソウ

　ザゼンソウはサトイモ科ザゼンソウ属の多年草で，図4.5に示すように仏像の光背に似た形をした花弁があり，その重なりの前にある肉穂花序を，座禅する僧侶に見えることが名前の由来になります。肉穂花序は小さな花が集まってできたものです。山岳地の湿地に生育し，1月下旬から3月中旬に開花します。開花する際に肉穂花序では発熱が起こり，その温度は20℃ほどになります。これによって周囲の雪を溶かし，いち早く雪の中から顔を出し，この時期に少ない昆虫を発熱による熱とそのとき放つ匂いでおびき寄せ，受粉する確率を上げる戦略をとっていると考えられています。

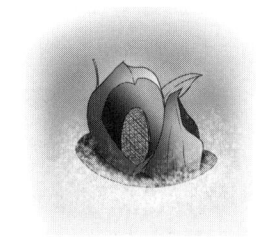

　ザゼンソウ以外の植物では，ハスが2～3日間，ヒトデカズラが6～12時間発熱しますが，ザゼンソウは1週間程度の間，一定温度で発熱します。発熱する植物は，発熱しない植物に比べてミトコンドリアの量が多いこと，呼吸による活性が高いことが観察されています。ここでは，発熱のモデルをたて，そのメカニズムと熱の伝わり方についてみてみましょう。

図4.5　ザゼンソウ

■ モデルから発熱を考える

　肉穂花序の形を図4.6に示すように扁長回転楕円体とみなしましょう。体積Vと表面積Sはつぎのように表されます。

$$V = \frac{4}{3}\pi a^2 b \tag{4.9}$$

$$S = 2\pi a^2 \left(1 + \frac{b}{ae}\sin^{-1}e\right) \tag{4.10}$$

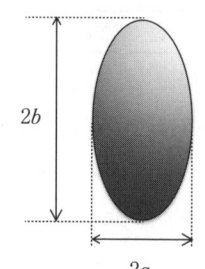

図4.6　肉穂花序のモデル

ここで，e は球体からのずれを表す偏心率で $e=\sqrt{(1-a^2/b^2)}$ と表されます。ザゼンソウの肉穂花序の寸法を入れて，体積と表面積を求めてみると $e=0.87$，$V=1.1\,\mathrm{cm}^3$，$S=5.4\,\mathrm{cm}^2$ となります。同じ体積の球より，表面積は5％ほど大きくなります。なぜ体積や表面積が必要かというと，これから述べる熱の移動（熱フラックス）にかかわるからです。

◻ 温度を20℃にするエネルギー

温度差 (T_2-T_1) によって移動するエネルギー量を熱量 Q といいます。定義は次式になります。

$$Q=mc(T_2-T_1) \tag{4.11}$$

ここに，m と c はそれぞれ熱を伝える媒体の質量と比熱です。例えば，ヤカンの中の15℃の水500 cc（=500 g）を100℃まで加熱するのに必要な熱量は，式（4.11）から $Q=500\times1\times(100-15)=42\,500\,\mathrm{cal}$ と求まります。

ここで，水の比熱には $c=1\,\mathrm{cal/g℃}$ を使っています。水の比熱 c の意味は，水1gの温度を1℃上昇させるのに必要な熱量です。これを国際単位系（SI単位）を使って表すと〔J/(kg·K)〕です。〔K〕はケルビン温度で絶対温度 T を表しています。セルシウス温度 t を表す℃との間には，$T=t+273$ の関係があるので，換算して使います。ただし，273℃ずれているだけなので，差を取った場合はセルシウスでもケルビンでも同じ値となります。これらを使って水の比熱を書くと $c=4\,200\,\mathrm{J/(kg·K)}$ と表せます。

さて，外気温（雪）との間に20℃の温度差があるとき，どのくらいの熱量が肉穂花序から放出されているかを式（4.11）にから求めてみましょう。肉穂花序をほとんど水と同じ密度および比熱と仮定すれば，肉穂花序の重さは水の密度に先に求めた体積を掛けたものになるので，$m=1\,000\,\mathrm{kg/m^3}\times1.1\times10^{-6}\,\mathrm{m^3}=1.1\times10^{-3}\,\mathrm{kg}$ です。これより，熱量は $Q=1.1\times10^{-3}\times4\,200\times20=92\,\mathrm{J}$ と求まります。カロリーでいうと22 cal となります。

❏ 熱はどのように伝わるか

　熱の伝わり方には熱伝導，熱伝達，熱放射があります。自然の法則として，熱は高温源から低温源へと流れます。外界からシステム（肉穂花序）にエネルギーを入れると，システムからみてエネルギーが増えるので，システムに入ってくるときを正（+）で表し，システムから出るときを負（-）で表します。システムからみて正の場合を加熱されたといい，負の場合を放熱したといいます。肉穂花序の内部で発熱した熱の外界への伝わり方には，以下のものがあります。

　【熱伝導】　厚さ Δx の壁を伝導で伝わる単位時間当りの熱量 $\dot{Q}_{\text{cond}}$ 〔J/s = W〕（これを熱流束（熱流量）と呼ぶ）は，次式のように表されます。

$$\dot{Q}_{\text{cond}} = kS\frac{\Delta T}{\Delta x} = -kS\frac{dT}{dx} \quad \text{〔W〕} \tag{4.12}$$

　ここで，S は表面積，k〔W/(m·K)〕は壁の熱伝導率と呼ばれ，物質の熱の伝わりやすさを表す値です。銅は $k=401$，アルミニウムは $k=237$，鉄は $k=80$，ガラスは $k=1.4$，人の皮膚は $k=0.37$，木は $k=0.17$ です。この値が大きいと熱が伝わりやすいことを意味します。肉穂花序内部から表面までの熱の伝わり方は伝導です。

　【熱伝達】　熱伝達は熱が物体表面から流体（空気や水など）に，流れによって伝えられる現象です。流体は運動するので，それが伝達に影響します。対流は流体の温度差が密度差となり，それが浮力となって駆動される流れです。これを自然対流といい，それによる熱伝達を自然対流熱伝達といいます。これに対し，扇風機やポンプで強制的に作った流れによる熱伝達を強制対流熱伝達といいます。どちらの様式であっても流体の対流による熱流束 $\dot{Q}_{\text{conv}}$ は次式のように表されます。

$$\dot{Q}_{\text{conv}} = hS(T_s - T_f) \quad \text{〔W〕} \tag{4.13}$$

ここで，h は対流熱伝達率〔W/(m²·K)〕，S は熱伝達が起こる物体の表面積，T_s は固体表面温度，T_f は固体から離れたところの流体の温度です。温度差が大きいほど移動する熱量は多くなります。

【熱放射】 例えば，太陽エネルギーが地球に到達する形態のように，光の速さで伝搬するエネルギーの伝わり方を放射といいます。絶対零度より高い温度のすべての物体から熱放射がなされています。表面積 S〔m^2〕の物体から放射される熱流束 $\dot{Q}_{\mathrm{rad}}$ は，表面の絶対温度が T_{b} のとき，次式のように表されます。

$$\dot{Q}_{\mathrm{rad}} = \varepsilon \sigma S T_{\mathrm{b}}^4 \quad 〔W〕 \tag{4.14}$$

ここで，ε は表面の放射率，σ はステファン・ボルツマン定数（$=5.67\times 10^{-8}$ W/(m^2·K^4)）を表しています。アルミ箔の放射率は $\varepsilon=0.07$，黒ペンキは $\varepsilon=0.98$，アスファルト面は $\varepsilon=0.88$，木は $\varepsilon=0.87$，土は $\varepsilon=0.94$ です。

ほかの物体から放射された熱量が，対象とする物体表面でどのくらい吸収できるかは，吸収率 α で表されます。これは放射率と同じ値です。すなわち，熱放射がよい物体は熱吸収もよいということになります。なお，$(1-\alpha)$ は反射率を表します。吸収しにくいということは，その分反射してしまうということを表しています。

物体表面温度 T_{b} が周囲温度 T_{s} より高いとき，ある物体とそれを囲む広い閉曲面との間の熱流束は次式で表されます。

$$\dot{Q}_{\mathrm{rad}} = \varepsilon \sigma S (T_{\mathrm{b}}^4 - T_{\mathrm{s}}^4) \quad 〔W〕 \tag{4.15}$$

ここで，ε は物体の放射率です。$\varepsilon=1$ の物体を黒体（完全放射体）といい，熱や光を完全に吸収または放射できる理想的物体といえます。現実には $\varepsilon<1$ です。表面の色が黒い昆虫が多いのは，放射や吸熱に都合がよいためだと考えられます。ザゼンソウではこの放射によって周囲の雪を溶かしていると考えられます。そのため，少しでも表面積を大きくする形となっています。早く周囲の雪から身を出すことで真っ先に昆虫にアピールするのだと考えられます。

まとめ

外気温が変動しても，ザゼンソウの温度が約 20°で一定である温度制御方法を使って，例えば冷蔵内の温度を一定に保つ温度調節器が開発されています。冷蔵庫のドアの開け閉めで中の温度が変動しないようにするためのものです。これによって省エネにつながります。

4.4 棘でくっつくオナモミ

□ 遠くに運ばれるオナモミ

オナモミはキク科オナモミ属の一年草です。実には，先端がフック状となった棘があり，動物の毛にくっついて遠くまで運んでもらうことができます。これにより，生育範囲を拡げるのに役立っています。オナモミの実の棘のフック構造が面ファスナーと呼ばれる布製の接着部品の開発に関係しています。これは着脱の容易さからいまや至るところで使われています。このフック構造の力学をみてみましょう。

□ フックによる引っかけ

図 **4.7** に示すように，引っかかりを単純化して直角に曲がったカギ状のフックを考えてみましょう。水平方向の長さ x_1，重さ W がかかる長さ y_1 のカギ状のフックがあるとします。重心は引っ掛けた点の真下に来ますから，図のような寸法のものでは $\theta = \tan^{-1}(x_1/y_1)$ の角度傾きます。もし，カギ状部分と引っかかる部分との間に次式のような関係があるとき，図の状態では引っかからずに滑り落ちてしまいます。

$$F_\mathrm{f} = \mu W \cos\theta \tag{4.16}$$

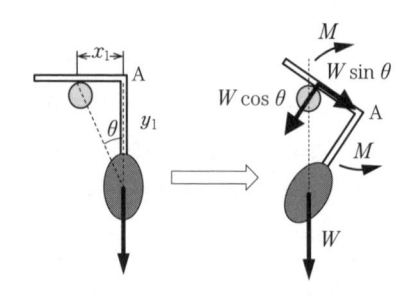

図 **4.7** フックによる引っかかり

摩擦係数を μ として摩擦力 F_f を表したもので，これが斜め下方向に向かう力 $F_\mathrm{w} = W\sin\theta$ が摩擦力より大きくなると，引っかからずに落ちることになります。したがって，以下の条件がカギ状のフックが引っかかる条件となります。

$$1 > \mu \frac{\cos\theta}{\sin\theta} \tag{4.17}$$

$$\therefore \quad \tan\theta < \frac{1}{\mu} \quad \text{or} \quad \theta < \tan^{-1}\frac{1}{\mu} \tag{4.18}$$

摩擦係数が大きいほど傾けられる角度の最大値が大きくなることがわかります。引っかかる部分を θ の角度だけ折り曲げておけば，オナモミの棘のように折り曲げた先が水平もしくはそれよりちょっと下向きになるので，それだけで引っかかりがよくなります。

❏ オナモミのフックは折れにくい

図4.7のフックのコーナーの点Aの両側に，それぞれモーメント $M = x_1 \times W\cos\theta$ がフックを開く方向に作用します。このフックに作用する曲げ応力は断面形状に依存します。曲げ応力とは棒の両端を持って弓なりに曲げたときに棒の断面にかかる単位面積当りの力です。曲がった外側は引っ張り方向に，内側は圧縮方向に応力が作用します。曲げ応力の最大値 $\sigma_{\max}$ は次式のように表されます。

$$\sigma_{\max} = \frac{M}{Z} \tag{4.19}$$

ここで Z は断面係数といって，棒の断面形状に依存するものです。最大曲げ応力が大きい部材というのは，曲げに強いということを表しています。代表的な断面形状のものを断面二次モーメントとともに**表4.1**に示します。

式 (4.19) からわかるように，同じモーメントがかかっているとすれば，この断面係数が大きいと最大曲げ応力は小さくなります。つまり，材料にかかる応力が小さいのでひずみが小さくなります。つまり，変形しにくいということを表しています。

棒の断面形状が四角形であるもので Z の効果をみてみましょう。面積は等しく $M = 1\,\mathrm{Nm}$ とします。表4.1における四角形の横と縦の寸法 b と h を変えて，Z を計算してみましょう。結果を**表4.2**に示します。断面を縦長に使った

表4.1 断面係数

	断面二次モーメント I	断面係数 Z
h / b (長方形)	$\dfrac{1}{12}bh^3$	$\dfrac{1}{6}bh^2$
d (円)	$\dfrac{1}{64}\pi d^4$	$\dfrac{1}{6}d^3$
d_1 / d_2 (円筒)	$\dfrac{1}{64}\pi(d_2^4 - d_1^4)$	$\dfrac{1}{6}(d_2^3 - d_1^3)$

表4.2 同面積で形状による違い

	b	h	Z	$\sigma_{\max}$
h / b	1	2	0.67	1.5
h / b	2	1	0.33	3.0
h / b	$\sqrt{2}$	$\sqrt{2}$	0.47	2.1

とき，Z は大きくなり，最大曲げ応力は小さくなります．このため，縦長の断面の棒を使うと曲がりにくいということになります．この棒を横に倒すと断面は横長の長方形となります．このようにして使うと，Z は小さくなり，最大曲げ応力が大きくなって曲がりやすくなってしまいます．断面の面積が同じ棒なのに，断面形状の縦長方向に使うか，横長方向に使うかによって曲がりの特性が変わってしまうということを示しています．

さらに，表4.1 に示すような円柱と円筒についても考えてみましょう．直径 0.79 の円柱の Z は 0.08 です．中空の円筒にこれと同じ Z を持たせるとすると，$d_1=1$，$d_2=0.8$ の円筒が考えられます．これは肉厚 0.1 の円筒であるため，断面積は 0.28 となります．中実の丸棒では直径が 0.79 でしたから面積は 0.49 です．つまり，同じ曲げの特性を持ちながら材料をほぼ半分に減らせるため，軽く作ることができるということになります．外径は 1.3 倍ほど大きくなりますが，重さは半分にできるため価値があります．

円管状のものは軽くて曲げに強いことがわかりました．じつは，オナモミのフック状の棘も断面が筒状になっており，曲げに強い構造となっています．これが面ファスナーを外すときには縁から剥がすと外しやすいことにつながります．さらに，先端に行くほど細くなっており，その先端は容易に曲がるようになっています．これも，一度くっついたら，ちょっとやそっとでははずれない理由の一つです．

まとめ

　オナモミの棘は，そのフックの形からものに引っかかりやすく，また，棘は軽くて丈夫な筒状で，折れにくくしなりやすい形状をしていることがわかりました。これにより，動物などにくっついて，種子を遠へ運ぶことを実現していることがわかりました。いまや面ファスナーは，着脱の便利さから生活のいろいろな場面で使われています。また，宇宙空間という特殊な環境で使用される宇宙服にも使われています。

コラム　フック

　釣り針は4万年前にはすでに存在していたという記録があるので，その当時から魚を釣る（掛ける）のに有効という認識があったものと思われます。使用する針の形は，針をくわえたときの魚の逃げ方，のみ込み方，口の大きさ，釣り上げたときの魚の重さ，キャッチアンドリリースのしやすさなどに依存します。また，生き餌やソフトワームのような疑似餌の付け方，餌に対するダメージが小さくかつ外れにくいなどのことを考慮して作られます。基本的には疑問符"？"のような形をしています。昔は骨や角で作ったT字形をしているものもあったようです。この形は船の碇（いかり）にみられます。なお，ふしぎなことに針が魚の下唇に掛かることは滅多にありません。

　フックといえば登山用のカラビナや，クレーン車の先についている吊り下げ用のものもあります。吊り下げるものの重量はロープやくさりを付けた部分の真下のカーブした点に作用します。したがって，カーブを開くようなモーメントがフックの断面に渡って均一になるような形や厚みで設計されます。逆に壁についているフックは片持ちばりとなるので，ものを先端に掛けるとすれば片持ちばりのどの断面にも曲げ応力が均一になるような断面形状の設計が重要です。

　また，洋服の留め金もフックといいます。余談ですが，ボクシングのフックというのは肘を曲げて繰り出すパンチのことです。ゴルフでボールがフックするという表現は右打ちの人が打ったボールが自分の方に向かって（ボールが飛んだほうを見て左手方向に）曲がることをいいます。

4.5 水を弾く葉っぱと花びら

◻ 水を弾く葉っぱ，水で輝く花びら

イモやハスの葉っぱなどの上に丸くなった水滴を見たことがあるでしょう（図4.8）。葉っぱを揺らすと水滴がころころと動き，決して葉の表面をぬらすことはありません。このように，水がへばりつかないことを撥水といいます。また，花びらについた水滴も丸まってキラキラと輝きます。この水の丸まりも撥水によるものですが，イモの葉の上の水滴のように，ころころと転がって落ちずにくっついています。水を弾く葉っぱと花びらとのこの違いはどこからくるのかみてみましょう。

図4.8 葉っぱの上の水滴

◻ 葉の表面

葉っぱの断面をみてみると，図4.9に示すように面側の表面から順にクチクラ層（キューティクル），表皮細胞，柵状組織，葉緑体，海綿状組織，裏側の表皮細胞，クチクラ層という構造になっています。クチクラ層は，表皮細胞から分泌される不飽和脂肪酸の重合物質であるクチンと，脂肪酸エステルであ

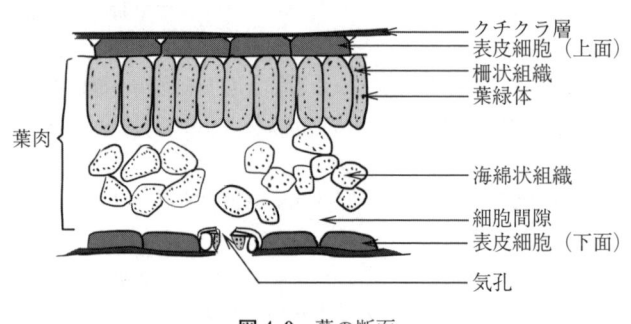

図4.9 葉の断面

る蝋（ワックス）の混合物でできていて，これが疎水性を持ちます。

　クチクラ層は最も外側の外ワックス層，その下にクチンとクチクラ内ワックスの混合層の2層からできています。最も外側のワックス層は全面を一様におおっているのではなく，図4.10（a）に示すように不定形の塊であるアモルファス（非晶質）構造をしています。通常ワックスの量が多いと白く粉を吹いたようになります。これを指でこすってつぶすと，表面が透明となって下地が見えるようになります。リンゴをこすると光沢を増すのもワックスがつぶれるからです。

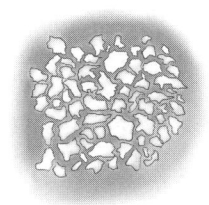

（a）葉の表面　　　（b）断　面

図4.10　葉のワックス層

　葉の表面で水をはじくのはこのワックス層ですが，同時に図4.10（b）に示すワックス塊の間からは水が入り込みます。クチンは親水性なのでここまで辿り着いた水は葉の内部に取り込まれます。図4.8に示したツバキの葉についた雨粒から，どちらかというとクチクラ層は親水性のようにみえます。

　これに対し，ハス，サトイモ，黄花オキザリス等の葉の表面は，乳頭突起（繊毛，突起毛）で覆われています。これを顕微鏡で見てスケッチしたものを図4.11に示します。一つの突起のサイズが20〜30μmくらいです。これらの微細構造によって撥水性を発揮します。これをロータス効果と呼んでいます。転がる水滴の表面から汚れをとる作用を使って葉の表面を綺麗にしています。

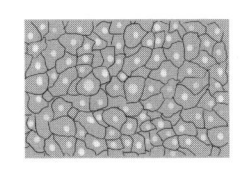

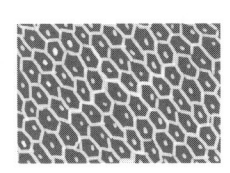

ハス　　　　　　イモ

図4.11　葉の微細構造（乳頭突起）

□ バラの花びらの表面と生物模倣材料

　バラの花びらの表面構造を図4.12（a）に示します。細かな突起がびっしり並んでいます。花びらについた水滴は丸まってレンズ効果を示しきらきらと

4.5　水を弾く葉っぱと花びら

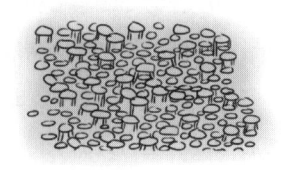

（a） バラの花びら　　　（b） 生物模倣材料

図4.12 花びらと生物模倣材料の表面

輝き，フレッシュさを醸し出す効果があります。ところが，丸まっているというのは撥水効果によるものなので，イモやハスの葉の上の水滴のように，ころころと転がって落ちてしまってもよさそうに思われます。しかし，花びらの上の水滴は落ちずにくっついています。これを花弁効果（ペタル効果）といって，撥水性と親水性の両方の効果を持ち，親水性の部分で水滴が表面に花びら表面にくっついているのです。ロータス構造の葉の表面には空気層が存在し，水がしみ込まない構造となっているのですが，バラの花びらの表面は空気層と水がしみ込む凸凹構造が共存しているため，このような現象が起きるのです。

このような花びらの表面の微細構造を模して作ったものを，図4.12（b）に示します。こうした構造を持った機能性材料に，フォトクロミック化合物と呼ばれるものがあります。これは，光ディスク，光触媒，光スイッチ等，光の作用で働くさまざまなデバイスに使用されています。

◻ 水とのくっつきやすさ，くっつきにくさ

水とくっつきにくいことを撥水性，逆にくっつきやすい性質を親水性といいます。これらのことを表面に乗った液滴の接触角で表現することができます。接触角というのは液滴内部から測った接触点における水面の方向 θ のことです。それぞれの張力（界面力）を，固体と気体間に働く張力を γ_{SG}，固体と液体間に働く張力を γ_{SL}，液体と気体間に働く張力を γ_{LG} とそれぞれ表すと，三つの界面が出会う点における釣り合いから

$$\gamma_{SG} = \gamma_{SL} + \gamma_{LG} \cos \theta \tag{4.20}$$

の関係があります。これをトマス・ヤングの式といいます。

この接触角が $\theta \geq 150°$ をとるものを超撥水性，$150° > \theta \geq 90°$ を撥水性，$\theta < 90°$ を親水性と呼びます。固体表面が平面である場合はこの式で表せますが，前述の花びらや葉の微細構造では異なります。また，水滴が移動しているようなときでは，その前後における接触角が異なります。撥水性を示す材料ではフッ素樹脂，表面構造ではフラクタル面，柱状構造，剣山構造等があります。また，撥水コーティング剤としては飽和フルオロアルキル基があります。

◻ 表面の凹凸と撥水性

微細構造上に乗った水滴の接触角が大きくなる原因として，① 物体の表面粗さなどによる微小な凹凸がある面では，平滑面の場合に比べて実質的な表面積が大きくなるため，ぬれに伴う物体の表面エネルギーが大きくなる（Wenzel の理論），② 空隙を多く含む固体表面は空気と固体の複合と考え，撥水表面とみなす（Cassie の理論）が考えられています。もし，物体表面がフラクタル構造だとすると，それによる表面積増加率は高いので，高い撥水性を示す可能性があると考えられます。紙製造工程で，インクのにじみ防止剤として使用されるアルキルケテンダイマーは，溶融後固化する際に一種の自己組織化作用でフラクタル的な表面構造を持つため非常に高い撥水性を示すことがわかっています。

ま と め

ハスの葉はその表面の微細構造によって撥水性を示します。花びらも同じような表面構造を持っており，それに触れる部分では撥水性を示すのですが，微細構造どうしのすき間部分では親水性を示すためにそれによって水滴が表面にくっついています。花びらの上についた丸まった液滴ですがハスの葉の液滴のようにころころと転がらずにいるのはそのせいです。微細構造が水滴に対してどのような性質を示すのかということは，汚れない表面を作るうえでも重要です。まだわからないことが多いですからチャレンジしてみましょう。

5

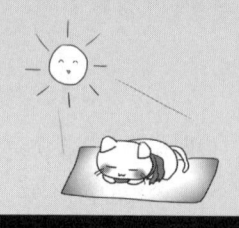

形は環境がつくっている

◆素材：深海魚，ハチの巣，ロマネスコ，放散虫，ピサの斜塔
◆道具：物理学，数列，幾何学，フラクタル

☐ 住むということ

　住めば都という言葉があるように，人は住んでいる環境になじむことができます。生物は環境によって形を変えて適応します。例えば，カバが祖先とも考えられているイルカは，水中という環境に適応して足の代わりに「ひれ」で移動できるようになりました。そのひれの形はまるで魚のひれのようですし，体つきも泳ぎに適した流線形となっています。環境という刺激は力として生物に作用します。光が届かない深海といった環境の魚の特徴をみていきます。

☐ 形のいろいろ

　生物の形を丸や四角のように簡単な図形でいい表すことは難しいです。これには，身長何 m，体重何 kgf などの量と，手足が何本か，尻尾があるか，毛が生えているか，色は何色かなどと見た目の特徴をいうことになります。しかし，これはかなり面倒なのと，特徴をいい表す表現を知っていないと説明する相手に伝わりません。寸法はメジャーで測って絵に描くとか，写真を撮れば済むことじゃないかということになりますが，ものを設計するときに困ることが出てきます。例えば，雲の写真からこれとそっくりな模型を作って欲しいといわれたときに，身長とか周囲の長さとか体重といった特徴を雲のどこから採ればよいのかわからないからです。自然の形にはこのような特徴をいい表すのに困るものが多くあります。これを表現するためにマンデルブローが 1975 年にフラクタルという概念を発明しました。これによって自然の形を表現できるようになったのと，次元に対する考え方をいままでの一次元，二次元，3 次元と

いったものから，2.36次元といった二次元以上3次元以下といったものへ拡張することができるようになりました。そのおかげで，例えば葉っぱの上で生活する昆虫の生活圏に対する考え方を一変することになりました。

ウイルスや花粉，微生物などの多くに多面体だったり，それらの面から棘が出ていたりする形がみられます。この基本となる多面体をどのように取り扱うのか，棘のような飛び出た部分を持つ形の代表として星形はどのようにできているのかといったことを解説します。

また，水の中という環境が生物の形にどのように影響したのかについてみていきます。

◻ 表現の力

権威や威厳を示すという言葉がありますが，どのようにすればそれが示せるのでしょうか。また，「あれは重そうだね」とか「倒れてきそうだね」といった表現を使うことがありますが，どうしてそのような感じを受けるのでしょうか。色に対するイメージもありますが，本章ではものの形でそれを伝えるのにどうするのかといったことについて考えていきます。

本章では力と変形および自然の形について解き明かしていきます。

5.1 **水中で暮らすとどうなるのか** 深海のように光もなく水圧が大きな環境で決まる体の機能について考えます。

5.2 **自然にみられる綺麗な形** なぜ自然界では六角形がよくみられるのか，膜の張力で決まる形について考えます。

5.3 **自然な形「フラクタル」** 自然の形を表す方法について解説します。

5.4 **ウイルス・微生物にみる多面体** 多面体を形成できる法則についてみていきます。

5.5 **生き物のアピール力「内在力」** 実際に作用している力と異なり，人がものを見て感じる「内なる力＝内在力」で決まるデザインについて考えます。

5.1 水中で暮らすとどうなるのか

☐ **生物に作用する環境の力**

生物に作用する力の場を分類したものを図5.1に示します。生物の外部からかかる力と内部からの力に大きく分けられます。外部的なものはさらに生息環境と，走る・飛ぶといった自己活動によって生じる力に分けられます。内部的なものは，成長に伴う膨張のような生理的機能からくるものと，自重という重力に依存するものがあります。生息環境を特徴づける物理因子は，海でいえば浅瀬なのか深海なのかによって水圧が異なり，光量，温度，水流の有無などもかかわってきます。ここでは，水中で暮らす生物の形をみていきます。

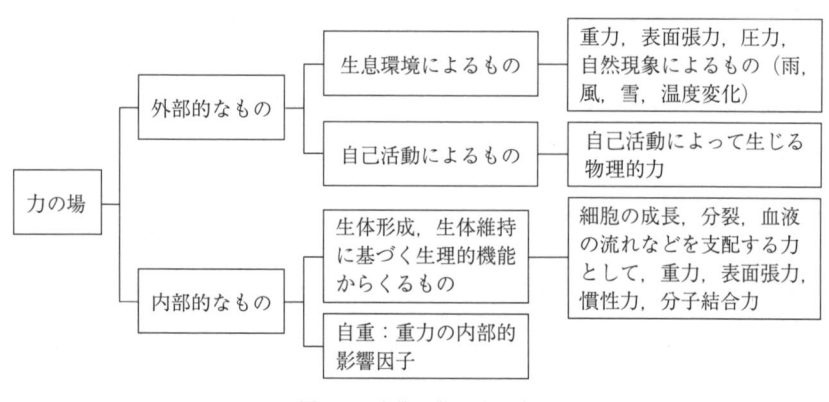

力の場	外部的なもの	生息環境によるもの	重力，表面張力，圧力，自然現象によるもの（雨，風，雪，温度変化）
		自己活動によるもの	自己活動によって生じる物理的力
	内部的なもの	生体形成，生体維持に基づく生理的機能からくるもの	細胞の成長，分裂，血液の流れなどを支配する力として，重力，表面張力，慣性力，分子結合力
		自重：重力の内部的影響因子	

図5.1 生物に作用する力

☐ **クジラの祖先はカバ？ マナティーはゾウだった？**

水中で生活する哺乳類をみてみましょう。海生の哺乳類にはジュゴンやマナティーのジュゴン目，クジラやイルカなどのクジラ目あるいは偶蹄目，アザラシなどのネコ目鰭脚下目がいます。

ジュゴンとマナティーは草食性でおもにアマモを主食とするため，アマモのある熱帯から亜熱帯に限定される地域に生息します。進化の過程から，クジラ

よりもゾウに近い動物とされています。図5.2に示すように東南アジアにいるジュゴンの尾ひれは、イルカのように切れ込みの入る三角形ですが、おもにアフリカにいるマナティーの尾ひれは団扇のような丸い形状です。

図5.2　ジュゴン目

図5.3　カバとイルカ

クジラとイルカの区別は単に体の大きさによるもので、明確な差はありません。進化の過程から両者の祖先はカバと近い哺乳類とされています（図5.3）。クジラ目を図5.4（a）に示します。ヒゲクジラに分類されるセミクジラには背びれがありませんが、ハクジラに分類されるもの、例えばシロナガスクジラやマッコウクジラ、イルカ等には背びれがあります。前脚に相当するのは胸びれですが、後ろ脚は退化して体中に痕跡があるだけです。尾ひれは尻尾に相当します。これを上下に動かして推進力を得るので、尾ひれは魚と違って水平になっています。これらの違いは元の体つき、筋肉のつき方や動かし方にも依存します。

ネコ目鰭脚下目のアシカとアザラシを図5.4（b）に示します。アシカは前脚を左右同時に動かして泳ぎ、アザラシは腰を曲げながら左右の後ろ脚を交互に動かして泳ぐので、泳ぎ方でも見分けられます。アシカは地上においてクマ

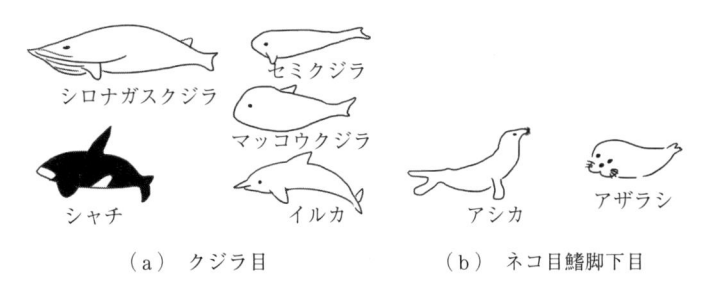

（a）クジラ目　　　　　　　（b）ネコ目鰭脚下目

図5.4　海で生活する哺乳類

5.1　水中で暮らすとどうなるのか　　93

のように後ろ脚で立ったり歩けたりするのでクマ類に近いグループ、これに対し、体をくねらせる動作からアザラシはイタチ類やそれに近いグループと考えられています。長い距離を泳ぐことに適応したのはアザラシです。

□ 特異な深海魚

水圧が21気圧以上となる水深200mより深い海域に住むものを深海生物と呼んでいます。海底にへばりつくように住むものと、遊泳して生活するものに分類できます。深海には太陽光が届かないことが特徴です。海水温度は1 000〜3 000mで2〜5℃と低く、水圧は100〜300気圧と高いです。酸素や餌となる有機物も少ない状態です。深海に住む生物も、この深海に合わせた体の構造となっています。

例えば、図5.5に示すように、少ない餌を少しでも多くとるためか外見として体のわりに大きい口を持ったり、微弱な光を捉えられるよう大きな眼球、上を向いている管状眼、特殊化した眼を持ったり、暗い中で餌をおびき寄せたり存在を知らせるために発光する構造等を持っています。深海の環境は安定していて、あまり変化がないので出現初期から進化していないのではないかと考えられています。

フクロウナギ　　　　　デメニギス　　　　　チョウチンアンコウ

図5.5　深海魚

まとめ

もともと、地上という環境で生活していたものが、大きな圧力がかかり、かつ、移動する際も抵抗が大きくなる水中で生活するようになると、脚はひれと

なり，地上動物ではみられない背びれまで発現するようになります。また，光が少ない深海では目が大きくなるものもいるし，退化するものもいます。目の機能を考えるうえで条件が異なる環境で比較できるのは好都合です。

水遁の術

忍者が竹筒をくわえて水に潜って身を潜めて逃げる方法を水遁の術といいます。この「遁」という文字は逃げることを表し，「とん」と読みます。もともと盗賊などが使う隠語として「ずらかる」という言葉とあわさった「とんずら」という表現にある「とん」です。さて，この忍者は竹筒を通して息をしながらどのくらいの深さまで潜っていられるのでしょうか。

人間はだいたい自分の体重の5倍くらいの重さがかかると息ができなくなるといわれています。つまり，60 kgfの人であれば300 kgfが限界ということになります。これが仰向けに寝たときの胸に掛かるので，胸の面積を $0.4 \times 0.4 = 0.16 \, m^2$ として大気圧を基準に測った圧力に換算すると $300 \, kgf / 0.16 \, m^2 = 18.4 \, kPa$ と求められます。これを水圧で考えると，水の深さ h に換算するには水の密度 $1\,000 \, kg/m^3$ と重力加速度 $9.8 \, m/s^2$ で割ればよいので，$h = 18.4 \times 10^3 / 1\,000 / 9.8 = 1.9 \, m$ となります。つまり，これ以上深く潜ると竹筒が水面に出ていても空気を吸えないということになります。普通は自分の体重分くらいが乗っただけでも苦しいので，60 kgfが胸に掛かったとすると先の1/5ですから，38 cmです。たとえホースをくわえてもこの深さで仰向けに沈むと息を吸うのが苦しいというわけです。

シュノーケリングでは背中が水面です。胸に掛かる水圧は水深20 cm分くらいですから体重でいえば32 kgfの子供が乗ったくらいの重さです。ちなみに，水圧は深さに比例しますので200 mの深海における水圧は $1\,000 \times 9.8 \times 200 = 1\,960 \, kPa$ です。したがって，水圧だけでほぼ20気圧かかることになります。深海にいる魚は身体の内側もこの圧力となっているので，外側からかかる圧力と釣り合ってつぶれないですみます。このことから，皮や肉の部分の組織が内側・外側からの挟み撃ちに耐えるような構造になっている必要があります。これが，身が締まったこりこりという食感となっているのでしょう。

5.2 自然にみられる綺麗な形

◻ 環境がつくる六角形

海岸でみられる柱状節理の一つひとつの柱の断面やハチの巣，昆虫の複眼等，自然界には六角形の形を持ったものが多くみられます（**図 5.6**）。正六角形というのは正三角形，正方形とともに平面をすき間なく埋められる図形です。その中でも，同じ面積であれば，正六角形は周の長さが最も小さくなります。つまり，周の長さを同じにすると，面積が最も大きくなります。ミツバチの場合，蜜蝋で巣を作るため，少ない量の蜜蝋で最も多く蜜を貯められる，もしくは，最も大きく空間をとれる形が六角形ということになります。自然界で物理的に六角形が出現する不思議を考えてみましょう。

柱状節理　　　ハチの巣　　　昆虫の複眼

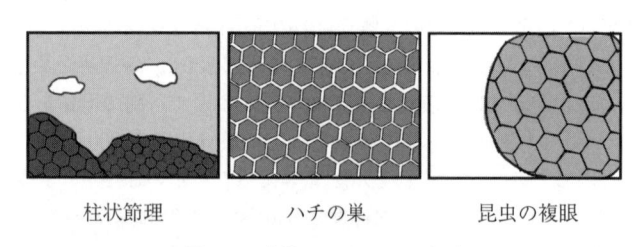

図 5.6　自然にみられる六角形

◻ 水面の油滴の形

自然界に六角形が出現する仕組みを考える前段階として，まずは水面に浮かぶ油滴のモデルで表面張力の釣り合いを考えるところからはじめます。水面に浮かんだ油滴が，油滴として存在できる条件を**図 5.7**でみてみましょう。

図の物質 A（油），B（水），C（空気）が出会う点（三重点）において，界面力（張力）をそれぞれ P，R，S としましょう。それらが釣り合うためにはつぎの関係が成り立ち，三角形と頂角との関係から次式のように表されます。

$$P^2 = R^2 + S^2 + 2RS \cos \gamma \tag{5.1}$$

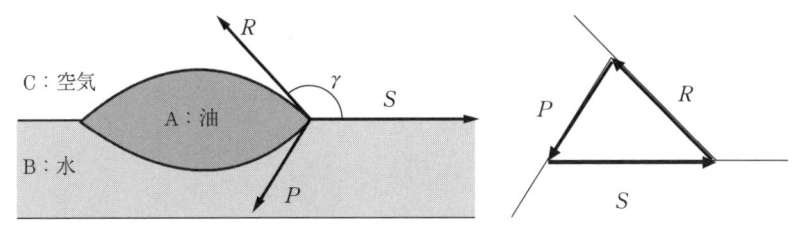

図 5.7 油滴にかかる力

ここで，角度 γ は S と R がなす外角です。この力の三角形が成り立つとき，液滴 A（油）は存在できます。

それぞれの張力の大きさの関係が**図 5.8** に示すような状況のとき，γ はいろいろな値をとります。例えば，R と S が等しくてそれらが P よりかなり大きいとき，γ は $180°$ となり，P と S もしくは P と R は直交します。それらが P よりちょっとだけ大きいときは $\gamma < 180°$ です。また，三つの表面の性質が等しいとき，三つの角度 α, β, γ はそれぞれ $360°$ の 3 等分の $120°$ となります。つまり，石鹸の泡のように同じ表面張力を持ったもの同士が集まると，それらのバランスから自然に $120°$ が現れ，六角形ができるということです。

$R = S \gg P$
$\gamma = 180°$

$R = S > P$
$\gamma > 180°$

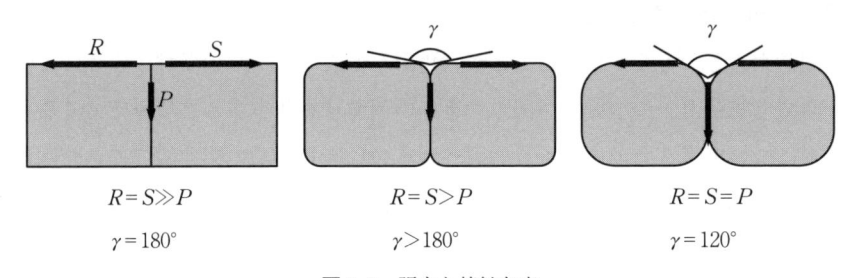

$R = S = P$
$\gamma = 120°$

図 5.8 張力と接触角度

❏ 石鹸の泡をガラス板で挟むと

石鹸の泡を 2 枚のガラス板で挟んだ写真を**図 5.9** に示します。たくさんの六角形をみることができます。ガラス板もしくは石鹸の泡が意識的に六角形を作ったとは考えられませんので，自然の法則に従ってできたことになります。

泡を形成するのは薄い水膜です。隣り合う三つの同じ大きさの泡が接触したとすると，その三重点では同じ張力で三方向に引き合い釣り合うため，それぞれ120°の角度になります。これが周りに複数あって，それぞれが釣り合うと120°の頂角を持つ六角形になるのです。

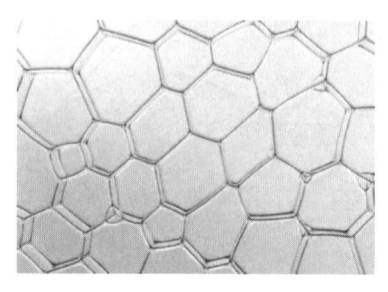

図5.9 ガラス板に挟んだ石鹸の泡

ここで，同じ大きさの泡というのがキーです。泡の大きさが同じであれば，泡の中の圧力も同じ大きさのため，三重点における圧力も均等にバランスをとります。これに対して，泡の大きさが異なれば三重点における圧力の釣り合い条件が変わってくるので，たとえ表面張力が同じであっても，合力としての力のバランスが崩れてしまいます。そのため，三重点における接合角度が変わってきます。図に示すようにいろいろな大きさの泡が作る形をみると，いびつな六角形や五角形がみえます。これはバランスがくずれているためです。

☐ 円や球を並べてできる形

同じ大きさのものが集まることが六角形を形成する一つの条件ということがみえてきました。つづいて，同じ大きさの円や球を並べることでみえてくる六角形について考えてみましょう。円というのは同じ周長の閉曲線でできた図形の中で，面積が最大となります。ある図形の面積をA，周の長さをLとすると，$A \leq L^2/4\pi$と表されます。このとき，等号が成り立つのは円のときです。逆に，面積が等しい平面図形の中で，円は最小の周長を持つともいえます。

ちなみに，立体の体積と表面積では，体積がV，表面積がAの任意の立体に対して，$V^2 \leq A^3/36\pi$という不等式が成り立ちます。等号は球のときです。与えられた表面積を持つすべての立体の中で，球が最大の体積を持つといえます。

半径rの同じ大きさの円を平面上にびっしりと並べる並べ方には，**図5.10**（a），（b）に示す二通りがあります。それぞれ，並べた円の中心を結ぶと図（a）の場合には正三角形が現れ，図（b）の場合には正方形が現れます。円

(a) 三角　　(b) 四角　　(c) 現れる六角形

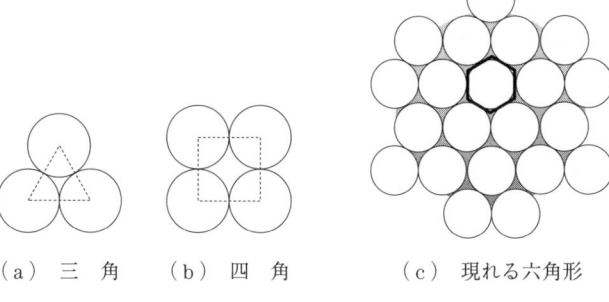

図5.10　円や球の並べ方

同士が接触してできるすき間の面積を求めてみると，図（a）の場合では「三角形の面積－6分の1の円の面積×3」のため，$A_t = \sqrt{3}\,r^2 - \pi r^2/2 = (\sqrt{3} - \pi/2)r^2$ となります。充填率は「6分の1の円の面積×3」/「三角形の面積」で，$\pi\sqrt{3}/2 = 0.906$ と求まります。図（b）の場合では，「四角形の面積」－「4分の1の円の面積×4」のため，$A_s = 4r^2 - \pi r^2 = (4-\pi)r^2$ となります。充填率は「4分の1の円の面積×4」/「四角形の面積」で，$\pi/4 = 0.785$ と求まります。

面積 A_t と A_s の差をとってみると，$A_t - A_s \approx -0.70 r^2 < 0$ となり，図（a）のすき間の面積のほうが小さく，充填率が高いということがわかります。つまり，左の充填のほうがむだなく円を並べることができるのです。その様子を図（c）に示します。隣り合う円の接線をつなぐと，六角形がみえてきます。

まとめ

このような自然に発生する六角形は，じつは太陽の表面やお椀の中の味噌汁にもみられます。容器の底から温かいものが湧き上がってきて，表面で冷やされたものが底に沈むという，セル状のベナール対流現象で形成されます。

カメの甲羅や柱状節理の断面に六角形がみられるのは，甲羅の成長点から出る物質が同じ量出てくるとか，石の柱の形成においていくつかの点から湧き出す物質の周囲への広がりが同じ程度であることが理由であるといえます。

5.2　自然にみられる綺麗な形

5.3 自然な形「フラクタル」

■ 繰り返しでできる自然な形

　樹木の枝の張り方，毛細血管の分岐，気管における分岐，真冬の窓にみられる樹状氷結，稲妻のパターン等には，なにか共通する美しさを見出すことができます。一見複雑なパターンにみえますが，なんらかの規則性も感じられます。その規則というのは，単純な形をあるルールで繰り返し積み上げていくというものです。

　例えば，**図5.11**に示す線が作るパターンは，図中一番上に示した山形を中央部に持つ基本形状をユニットとし，それを小さくしながら繰り返し線分上に乗せていくとできあがります。その結果の線は，直線ではなく小さな凸凹がある複雑な，ある意味自然な柔らかさのある線分となっています。

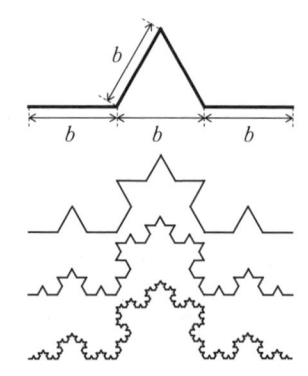

図5.11　繰り返しでできる図形

■ フラクタルとフラクタル次元

　このような自己相似形（同じ形ではあるが大きさが異なるもの）で繰り返し作られる図形をフラクタル図形といいます。フラクタル図形は，木の枝の張り方，葉っぱの付き方，血管の分岐等，自然界に多くみられます。また，多くのデザインにフラクタル図形が用いられています。例えばゲームのRPGで使われる山や森といった風景はこの手法で作られています。

　さて，もう一度図5.11をみてみましょう。この線分が作るパターンは面上に広がっているようにもみえます。このことを表すのに，つぎのような計算をしてみましょう。ユニットの端からか端までの長さを三等分します。その等分した長さをbとしましょう。中央部に長さbの線で山を作ると正三角形状に

なりますね。この形を作るために長さbの線分を四つ必要とします。いまの場合，等分する数が3ですが，それをaと表しましょう。これらの対数の比をもってフラクタル次元Dと呼び，次式のように表します。

$$D = \frac{\log_e b}{\log_e a} \tag{5.2}$$

これに$a=3$と$b=4$を代入すると，$D=1.26$と求められ，この線で描くフラクタル次元は1.26次元であるといいます。線なので一次元ではあるけれど，ちょっとだけ二次元寄りというような感じです。

正方形のそれぞれの辺を二等分してみると四つの小さな正方形ができます。この場合$a=2$，$b=4$です。これらを式（5.2）に代入すると，$D=2$と求められます。したがって，正方形のフラクタル次元は二次元です。同様に立方体の辺を2等分すると八つの立方体が得られます。この場合$a=2$，$b=8$となり，$D=3$となります。すなわち，立方体は3次元です。なぜ正方形と立方体を選んだかというと，a等分することでb個の自己相似形ができるからです。

いろいろなもののフラクタル次元を求めると，生物たちがそれらを利用して生きていることがみえてきます。例えば，葉っぱのフラクタル次元は2.78です。葉っぱの上での生活は平面ではなく，3次元空間に近く，表面積も大きいことから，多くの生物が生活できることになります。最近，図5.12（a）に示す，まさにフラクタル形状をもったロマネスコという野菜を店頭でみかけます。自己相似形で成長したものと考えられます。ある単純な規則で繰り返し行うと，図（b）に示すような穴あきフラクタル図形ができます。

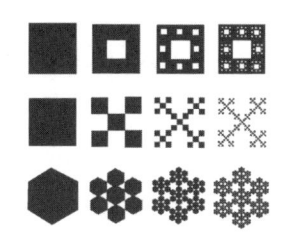

（a）ロマネスコ　　　（b）穴あきフラクタル図形

図5.12　フラクタルの形

5.3　自然な形「フラクタル」

◻ 繰り返しでできる数列

いま，$r=1$ という半径を持つ円を生まれたての生物だとしましょう。円を複素平面で表すと，$re^{i\theta} = r(\cos\theta + i\sin\theta)$ です。1年後に成長して $r=2$ になったとすると，その円は複素平面において $2e^{i\theta}$ と表すことができます。では，3年後に $r=3$ となったら？ そうです，$3e^{i\theta}$ と表しますね。このような規則がみえたら，n 年後には？ という問いかけに，すぐ $ne^{i\theta}$ と答えられます。これを並べるとつぎのようになります。

$$e^{i\theta},\ 2e^{i\theta},\ 3e^{i\theta},\ 4e^{i\theta},\ \cdots,\ ne^{i\theta},\ \cdots$$

これは，ある年数経った後に，もとの n 倍になるというルールを与えて作りましたが，逆にそのルールを知るために，並べて眺めてみて，あれこれとどのようなルールがあるかということを探るのが数列です。例えば，1番目と2番目の差をとると $2e^{i\theta} - e^{i\theta} = e^{i\theta}$，3番目と2番目の差は $3e^{i\theta} - 2e^{i\theta} = e^{i\theta}$ となります。こうやって差を調べると，いつも $e^{i\theta}$ という一定の値をとっていることがわかります。差が一定値をとる数列を等差数列といいます。この円形生物は一年ごとに $e^{i\theta}$ 分だけ成長していくことがわかります。もちろん，この数列を作ったルールに従った表現をすれば，n 番目のものはもとの n 倍となるというようにも表現できます。

では，前の年の2倍に成長するという生物は，どのような数列として表せるでしょうか。つぎに列記してます。

$$e^{i\theta},\ 2e^{i\theta},\ 4e^{i\theta},\ 8e^{i\theta},\ \cdots,\ 2^{(n-1)}e^{i\theta},\ \cdots$$

2番目と1番目の比をとると $2e^{i\theta}/e^{i\theta} = 2$，3番目と2番目の比は $4e^{i\theta}/2e^{i\theta} = 2$，4番目と3番目では $8e^{i\theta}/4e^{i\theta} = 2$，…となり，いつも前の年と比べると2倍の成長となっていることがわかります。このような，比が一定となる数列を等比数列と呼びます。

◻ 同じ形で成長してできる螺旋

つぎに，1年ごとの成長を，角度 θ は同じ角度間隔を保ったまま外形半径 r が等比級数的に増加する場合を考えてみましょう。このことを式で表すと

$$z = k^{n-1} e^{in\theta} \qquad (5.3)$$

となります。ここで，$r = k^{n-1}$ です。さて，$k = 1.2$，$\theta = \pi/6$ rad として，この式を1年ごとに複素平面上にプロットしてみましょう。すると，螺旋が描けます。

パラメータの k と θ をいろいろ変えることによって，**図 5.13** に示すような螺旋が描けることがわかります。すなわち，生物にみられる螺旋は等比級数的に成長した証なのです。比が同じということは形が同じで大きさが異なるという相似形です。このことを自己相似で成長するといいます。

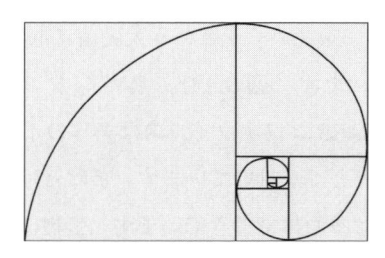

図 5.13 螺　旋

オウムガイやアワビの殻の巻き方には，このような螺旋がみられます。植物の葉っぱのつき方，ヒマワリや松ぼっくりにみられる種の配置，ツタの巻き方など，自然の中には数多くの例がみられます。

ま　と　め

フラクタルというものによって複雑な自然の形を表すことができるようになります。これを使って，ゲームにおける景色に現れる山，雲，木，海岸などを描いています。

同じ形を保ったまま成長すると，自然に螺旋構造が現れることがわかりました。自然界にみられる一見複雑な形も，じつは単純な形の繰り返しでできあがっていることを知りました。その繰り返しのルールを表すのに，数列という数学的手法を使いました。複雑な形や成長の過程など，一見関係がなさそうなものも数学で表すことによって，それらの共通の性質や成長速度などを同じ土俵上で議論できるようになります。

5.4 ウイルス・微生物にみる多面体

◻ 生物が持つ多面体

　T4ファージという大腸菌に取り付くウイルスは正二十面体の頭部を持っています（図 5.14）。鳥インフルエンザ（H5N1）やSARSコロナウイルスはクリのイガのように球体にとげとげが付いています。とげとげを持つ放散虫の骨格は多面体でできています。生物にもみられるこのような多面体や，それをつくる多角形などの図形は，その形をとるための決まりを持っています。その決まりをみていきましょう。

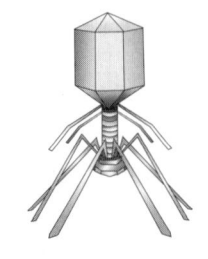

図 5.14　T4ファージ

◻ 正多角形の決まり

　身の回りには正多角形と呼ばれる美しい形を多くみかけます。それらがどういう形なのかみていきましょう。図 5.15 に示す正何角形というのはすべての辺の長さが等しく，すべての内角の大きさが等しい多角形です。辺の数が等しい正多角形同士はたがいに相似です。正多角形は円に内接するので，頂点はすべてその円周上にあります。

　辺の数を n とすると，正 n 角形における一つの内角 θ〔°〕の大きさは，$\theta = \{180(n-2)\}/n$ と表されます。したがって，内角の大きさは 180°より小さい

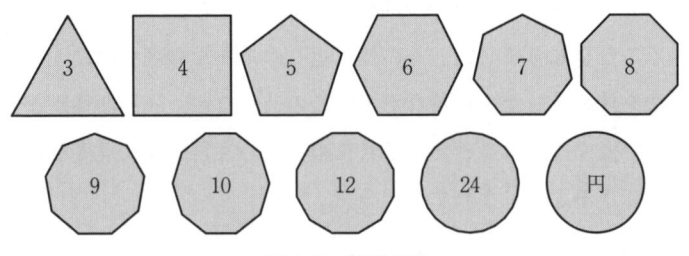

図 5.15　正多角形

ので，頂点における形は外側に凸となります。面積 S は1辺の長さを a とすると，$S=(na^2/4)\cot(\pi/n)$ と求められます。ここで，$\cot\alpha$ は $\tan\alpha$ の逆数で $\cot\alpha=1/\tan\alpha=\sin\alpha/\cos\alpha$ です。また，周囲の長さ（辺の長さの和）L は $L=na$，頂点から各頂点に引く対角線の数 N は $N=n(n-3)/2$ です。一つの交点から引ける対角線の数は，両隣と自分の合計3を引いた数となるので，それを頂点の数だけ掛けて，重複分2回で割ったものを表しています。

☐ 星型多角形の決まり

ヒトデやプランクトンなどの生物には，星形をみることができます。図5.16に示すような，多角形の辺の延長線とその交点を結んでできる，外に飛び出す棘のようなものを持った形を星型多角形と呼びます。三角形と四角形は延長線上に交点が現れないので，その形そのものが星型多角形ともいえます。

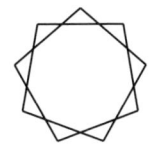

（a） 星型五角形　（b） 星型六角形　　　（c） 星型九角形

図5.16　星型多角形

元の図形の辺の数 n が奇数の場合 $N=(n-3)/2$，偶数の場合 $N=(n-4)/2$ となります。五芒星を形成する線分にはその組合せの多くに黄金比が現れます。その神秘性と美しさのため，また，五角形の外側にある五つの三角形が星の光彩を連想させることもあって，世界中で守護や真逆の悪魔などの象徴として使われています。日本においても，平安時代の安倍晴明は五行の象徴として，木・火・土・金・水の五つの元素における相克（そうこく）を表しました。京都市にある晴明神社の神紋として図5.17に示す晴明桔梗紋が使われています。

図5.17　清明桔梗紋

5.4　ウイルス・微生物にみる多面体

◻ 多面体の決まり

立体を作るとき，また，生物にみられる複雑な立体を解析する際に，多面体の原理を知る必要があります．正多面体というのは，すべての面が合同な正多角形からなり，頂点に集まる辺の数がすべて等しい多面体のことをいいます．図 5.18 に示すように，正がつく多面体は五つしかありません．

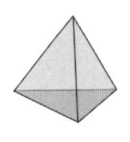

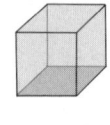

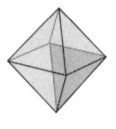

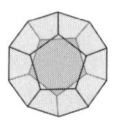

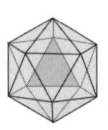

正四面体　　正六面体　　正八面体　　正十二面体　　正二十面体

図 5.18　正多面体

任意の（穴のない）多面体において，頂点の数を V, 辺の数を E, 面の数を F と置くと，$V-E+F=2$ が成立します（オイラーの多面体定理）．例えば，正四面体では $V=4$, $E=6$, $F=4$ より，$V-E+F=2$ となり，定理が成立していることがわかります．また，正六面体では $V=8$, $E=12$, $F=6$ より，$V-E+F=2$ となり，これも成立しています．

サッカーボールは六角形と五角形の組合せでできています．一部を展開すると，図 5.19 に示すように頂点には五角形1枚と六角形2枚が集まっていることがわかります．それぞれ何枚ずつの五角形と六角形でできているかを見積もるために，枚数を五角形 a 枚と六角形 b 枚とします．これらが集まってできる頂点の数は，五角形からみれば $5a$ 個，六角形からみれば2個で一つの五角形の頂点となることから，$6b/2$ 個となります．これらが同じ頂点であるため，$5a=6b/2$ の関係となります．

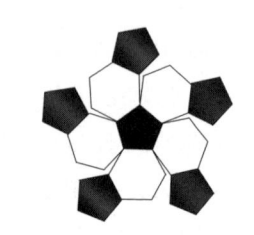

図 5.19　サッカーボール

サッカーボールを形成する多面体の頂点は，図形の頂点が三つ集まるので3で割って $V=(5a+6b)/3$，辺の数は辺同士が重なるので，2で割って $E=(5a+6b)/2$，面の数はそれぞれの個数の和であるので $F=a+b$ と与えられます．

これらを多面体で成り立つ関係式 $V-E+F=2$ に代入すると，$6(5a+6b)-3(5a+6b)+6(a+b)=12$ となります。これらより，$a=12$, $b=20$ と求められます。すなわち，サッカーボールは五角形12枚と六角形20枚でできた32面体であるということがわかります。

☐ 多面体の放散虫

　生物の立体構造を解析するのに，どのような多角形で面が貼られているのかを調べると，系統的に構造や性質を議論することができます。進化や環境変化においていろいろな形状を取ってきた生物に，海のプランクトンである放散虫がいます。単細胞生物ですが，ケイ酸質の骨格を持っていて，化石としても多く発見されます。放射状に突出する針骨を持ったものもいて，その外形はさまざまです。

　これらの骨格のでき方を調べることで，外的刺激である環境を知ることにつながります。放散虫は図5.20にみられるように，六角形と五角形が組み合わさった多面体の形状をしています。多面体の定理を使い何面体なのかを解析的に調べた結果，図の場合は138面体であることがわかっています。

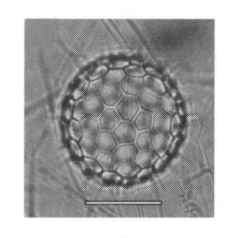

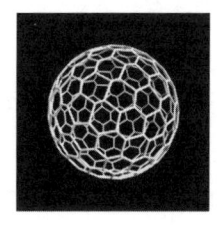

放散虫　　　　解析モデル

図5.20　放散虫の多面体

> **まとめ**

　多面体の中で正が付く正多面体はすべての面が同じ形の多角形を貼り合わせて作られるため，世の中には五つしかないことをみてきました。これでは多様な立体形状を表せないので，いくつかの多面体を組み合わせて作る必要があります。しかし，どんな形でも作れるかというと数学的ルールにのっとっていなければ，できないことになります。

5.4　ウイルス・微生物にみる多面体　　　107

5.5 生き物のアピール力「内在力」

◻ 生き物のアピール

環境がもたらす"物理的な力"とは別に，生物やものが持つ模様や形に対して，人間は"内なる力"を感じることがあります。これを「内在力」といい，生物はいろいろな工夫としてそれを身につけています。

図5.21に示すような，スズメガの幼虫はヘビの姿のようにみえ，一種の威嚇の力を感じます。形で示すという点では，バッファロー，カブトムシ，シカ等の角も力の誇示なのでしょう。体を大きく見せるように，ひれを立てたり，毛を立てたり，胸を張ったりするのも一種の力をアピールするものだと考えられます。ここでは，これらのようなアピール力「内在力」を持つ生物やものの見た目についてみていきます。

スズメガの幼虫　　バッファロー

図5.21　生物が持つ内在力

◻ 色で毒の有無をアピールしているのか？

図5.22に示すように，毒々しい色を持った生物がおり，原色の赤や青です。毒キノコのベニテングダケの赤は，枯れ葉やコケなどがある地面ではいかにも目立ちそうです。しかし，ほとんどの毒キノコは地味な色合いで，形も食べられるものとほとんど同じです。ツキヨタケの子実体（いわゆるキノコと呼ばれる部分）には，共生のため多種多様の昆虫が集まるようです。腐敗臭でハエなどの昆虫を呼ぶラフレシアも，ベニテングダケによく似た毒々しい色をしていますが，毒を持っているわけではありません。

ベニテングダケ　　ヤドクガエル

図5.22　毒の色

ヤドクガエルは原色の青，水色，赤，黄色等のものがいて，毒を持っているぞということを示しているといわれています。ただし，これは人間の経験を通した見方であって，その生物の天敵となるものがその色を見たとき，なぜ毒があるということを知っているのかは疑問として残ります。

トラフグは毒を持っていますが，特に毒々しい色ではなく，普通の魚にみえます。背びれや胸びれに毒を持つミノカサゴは派手な外見ですが，身に毒があるわけではないので食用です。イソギンチャクは魚などを捕まえるための刺胞毒を持っています。クラゲもそれを持っており，コイルのように巻かれた針が飛び出して刺す仕組みになっています。しかし，これらもわれわれ人間が思うほど毒々しい色をしているわけではありません。毒がある生き物は，必ずしも派手な色をしているわけではありませんので，注意が必要です。

❏ 見た目の持つ力

図 5.23 に示すピサの斜塔は，傾いた側のそばを歩くには結構勇気がいります。なぜかというと，いまにも倒れてきそうな気がするからです。しかし，倒れないようには設計・施工されているはずですから，実際にはたぶん倒れないのでしょうが，やはり直感的に倒れてきそうな気がします。

これは物理学を知らなくても，重力によって地面を支点として，図では右回りのモーメントがかかっていることを感覚的に感じているからです。人だけではなく，生物がほかのなにかに見せかける擬態ということを行うとき，この内在力が働いていると考えます。

図 5.23　ピサの斜塔

❏ 内 在 力

外見が同じ建物で同じ角度傾いていても，図 5.24 に示すように重心の位置によって倒れるか倒れないかが決まります。左図のように重心が支点を通る垂直線より外側になると，支点周りのモーメントが倒れる方向に作用します。逆

5.5　生き物のアピール力「内在力」

に，右図のように重心の位置が内側にあれば，モーメントは傾きを戻そうとする方向に作用します。しかし，このようなことを経験的に感じているので，たとえ重心を内側に作ってあっても，見ためから倒れそうという感覚になることがあります。

この経験的に見ためから感じる力を「内在力」といいます。人によって感じ方が違

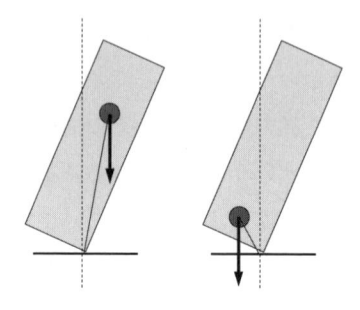

図 5.24 建物の重心

うので，必ずしも同じ力を指しているとは限りません。したがって，物理的な方向と大きさを表せないので，倒れそうとか落ちそうとか回転しそうなどとしか表現できません。

これらの表現にかかわる概念が「地」と「図」です。「地」は背景またはそのものの全体を表し，「図」は着目する部分とか全体の傾向とちょっと違う点のことを指します。例えば図 5.25 に示すように，左の円は全体を見ることができますが，円のどこを見てよいのか困ります。これに対し，右図のように円の一部に線が途切れた部分がある場合，その部分に目がいきます。このとき，円が地を，切り欠きが図を表します。

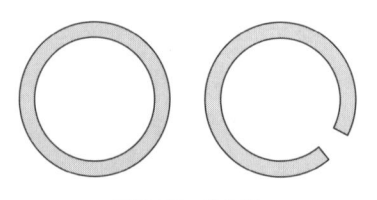

図 5.25 地と図

この部分から，ジェットが噴き出し，この円が飛んでいくというような運動すら感じとることもできます。このように，着目して欲しい部分（図）を地に対して作ることによって，なにをアピールしたいかを表現することになります。

□ **内在力を意識したデザイン**

製品をデザインするときには，この内在力を意識してデザインすべきです。それは，先ほどの建物のように物理的に倒れないように作っても，そう思わない人がいるからです。省スペースの関係でどうしてもその形にせざるを得ない

ときには，機能的には無駄・無意味と思われても，図5.26に示すように内在力を打ち消すような効果を持たせることが大事です。例えば，図（a）のようにバランスがとれているように見せる付属品をつけたり，図（b）のようにくさびを入れて支えがあるように見せたり，あるいは図（c）のように色をつけて見た目の重力分布を変えるようにすることが必要となります。

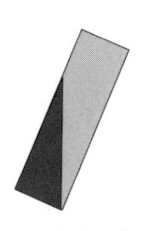

　　　（a）付属品をつける　　（b）くさびを入れる　　（c）色をつける
　　　　　　　　　図5.26　内在力を意識したデザイン

　パトカーが上部を白，下部を黒に塗っているのは，車高を低く平べったく見せるためです。このことによって空気抵抗が小さく，あたかもスピードを出せるぞというイメージを持たせます。さらに，黒は重そうに見えるので，下部が黒であることによって安定感をイメージさせ，急カーブでもしっかりと曲がってぴったりとくっついて追跡するぞという意志をも感じさせます。同じ理由で，多くの普通乗用車の側面に，上下を区別するようなラインがついています。それが山折りの線であったりモールであったり，色分けであったりといろいろです。

まとめ

　内在力として考えてきた，生物の擬態，威嚇，示威等，その生物がそれらを行っている意味を考えるとき，あくまでも人間からみてこうなのだろうという解釈であることを意識しておかなければなりません。しかし，工学的に応用できそうだということであれば，生物がどうのこうのという解釈を持ち出さなくても，その機能をヒントとして取り込むことがバイオミメティクスの基本的姿勢です。見る目を養うこと，内在力を感じとる素養と経験を積むことが必要です。

6

似ている？ 似せている？

◆素材：タコ，イカ，スズメバチ，カマキリ，ラン
◆道具：認知科学，熱力学，情報工学，機構学

□ バイオミメティクスとミミクリー

　ミメティックは生物の「擬態の」を意味する形容詞です。そこから「模倣」という意味も付け加わりました。生物から学んで工学的に応用しようとするとき，まずは観察して外見的に真似てみることを行います。このとき，色は？ それらしく見える素材は？ 手触りは？ 臭いは？ 等々，「それらしく」見えるようにするためにいろいろ模倣してみなければなりません。ただたんなる模倣にとどまらず，生物に学んでものを作ることをバイオミメティクス（生物規範）というようになりました。

□ 擬　　　態

　擬態のことをミミクリーといいます。ある動物がほかの動物に似た色彩や形をとることをいいます。ミミックというとまねるという動詞になります。名詞で使うとオウムのようにまねの上手な動物のことを指します。私達がバイオミメティクスとしてほかの生物の構造やしくみを模倣するように，動植物もほかのものを模倣しているとしか思えないものがたくさんあります。

　擬態は，動植物が自らほかのものに似せるように行動を起こすもの（ミミクリーオクトパス）もあれば，たまたま似ているがためにそれが生き残ってきた結果（擬態昆虫）という二つの側面が考えられます。これより，擬態は**表6.1**に示すように隠蔽擬態と攻撃擬態に分けられます。ただし，明確な線引きは難しく両方兼ね備えるものもいます。隠蔽擬態はバッタのように周囲の植物の色や形に似せて発見されにくくしているものです。攻撃擬態はカマキリやイカの

表6.1 擬態の種類

	状況	方法	おもな例
隠蔽擬態	捕食される可能性がある場合	周囲にとけ込んで見つからないようにする	タコ，チョウ，ガ，バッタ，ナナフシ
攻撃擬態	自分が捕食者の場合	周囲にとけ込んで気づかれないようにする	カマキリ，イカ
危険種に似せる擬態	捕食される可能性がある場合	スズメバチやヘビなどに似せる	トラカミキリ，スズメガの幼虫
毒を持つ種の擬態	毒を持っているもの同士がたがいに似る	黒の地に黄褐色の斑紋など	スズメバチ，アシナガバチ
繁殖のための擬態	繁殖のために他者を利用する場合	他者の行動パターンを利用する雌の形やフェロモンなどを使う	ハンマーオーキッド，オフリス

ように獲物から気づかれにくくするものです。このほかに，危険種であるハチの色や形に似せて警戒色を示すことで逆に目立つことで捕食されることを回避する昆虫もいます。また，ランのように繁殖のために昆虫を利用するためにおびき寄せる工夫をする植物もいます。

生物が行ってきた似せるという擬態戦略について本章でみていきます。

6.1 擬態の方法 擬態の，まねるだけでなく，環境に同化して見えなくなることなどの方法について解説します。似ている似ていないというのは人間の主観ですから，それがどのように作用するのかを考える必要があります。

6.2 タコとイカの変身技 タコやイカは擬態するもの凄い技をもっています。ときには体の形や色を変えます。そのメカニズムに迫ります。

6.3 スズメバチの模様 強いものに化けて敵の目をだます生物が多くいます。怖いものの色とはどんな色かみていきます。

6.4 花や葉っぱになりすます 花に化けて獲物を捕まえるカマキリや葉っぱに化けて身を守る生物についてみていきます。

6.5 昆虫に化ける植物「ラン」 植物の中で最も知性的といわれるランには，昆虫に化け，その昆虫の性質を利用して受粉するものがいます。そのメカニズムについてみていきます。

6.1 擬態の方法

□ 擬　　態

　隠蔽擬態の代表として周囲の環境にとけ込み見えにくくする工夫，すなわち，周囲にとけ込み見えなくなるというのはどういうことかについて考えます。

　シャチホコガというガの翅には丸まった枯れ葉の模様やはがれた木の皮のような模様がついているため，図6.1のような枯れ葉の中にいると周囲の背景に同化して見えにくくなります。周囲と区別がつかなくなると，透明になって透けているように見えるのです。これを隠蔽擬態といい，境界を曖昧にして背景にとけ込みます。

　その代表にキノカワガがいます。図6.1に示すような，名前のとおり木の皮にそっくりな模様のガです。木にとまって模様を変えるのか，たまたま同じ模様の木を見つけてそれにとまったのか，不思議なくらい背景にとけ込みます。木の皮に生えたコケに似せているガもいます。しかし，鱗粉には色を周囲に合わせて変える機能はないため，あらかじめ環境に合わせた色，パターンが設定されているとしか考えられません。だれがどのようにして描いたのでしょうか。ガ自身ではないことは明らかです。それは自分の背中を鏡かカメラといった道具を使わない限り，確認しようがないからです。

シャチホコガ　　　　　　　キノカワガ

図6.1　擬態するガ

❏ システム（系）と外界という概念

　他人や周囲環境，もっと広くいえば宇宙（これらを総称して「外界」という）と自分を分けるものは「境界」であり，境界で囲まれた中身を「システム（系）」といいます。この概念を図 6.2 に示します。境界があるからこそ，他と区別することができ，アイデンティティを示せるようになります。これがなければ先ほど示したように周囲と同化して透明となり，なにに着目してよいかわからなくなってしまいます。この意味において，境界は重要なものなのです。

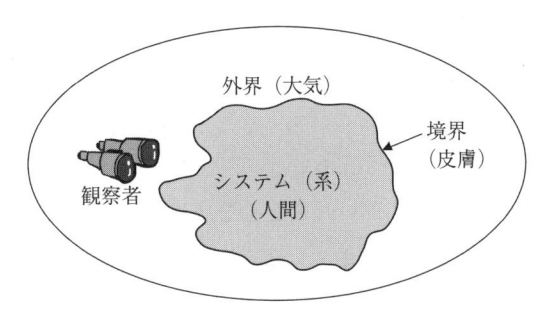

図 6.2 システムと境界

　このシステムを人間とみなせば，境界は皮膚であり，外界は大気という環境となります。また，細胞であれば境界は細胞膜であり，外界は水となります。つまり，システムは外界と接する境界を持っていてはじめてシステムといえます。

　さて，システムを認識するためには，外界から境界を通じて，システムを観察する必要があります。言い換えれば，自分を知るためには他人の観察者に評価してもらう必要があるということです。つまり，自分のことは自分で直接見えず，他人からの評価を通してのみ，自分を知り得るということです。先ほどのガについて考えてみると，ガ自身は自分が枯れ葉に似ているかどうかを確認することはできません。天敵に食べられたとき，はじめて自分の模様は枯れ葉に似ていなかった，もしくは自分の模様が周囲と異なっていたということを知ることになります。長年，こういう経験が繰り返され，自分の居場所を見つけたのだと考えられています。このように，周囲に似せているのではなく，似ているものだけが生き残ったと考えるのが自然淘汰の考え方です。

6.1　擬態の方法

◻ 見るということ

図 6.3 を見てなにが見えますか？　そうです，○がいくつか見えます。それ以外になにが？　と思われるでしょう。人間は，ばらばらに分布しているものから，自分が見たことのあるものを探すものです。例えば，雲を見てもこもことしたヒツジに見える，ウサギに見える，といったことを言い合った経験があるでしょう。また，木の祠や火星の石を見て，人の顔に見えると言ったこともあるでしょう。しかし，もしヒツジやウサギを見たことも聞いたこともなければ，ヒツジやウサギに見えるなどとは思わないでしょう。つまり，見る行為そのものと，見えているものがなんなのかを考えることは，別だということです。見て，それが過去のデータと照らし合わせてなんなのかを判定することを「認知する」といいます。

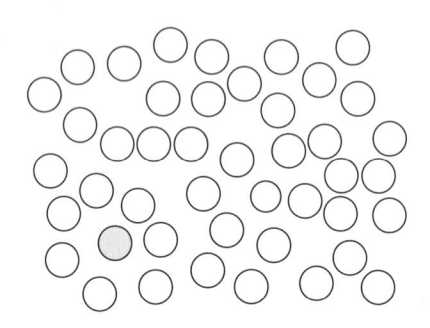

図 6.3 「見る」と「認識」

先ほどの図に戻ってみましょう。なにげなく見れば○が分布しているだけですが，「その中で直線的に並んでいるところを見つけてください」と目的もしくは命題が与えられたら，それを探すでしょう。そして，中央左上付近に三つ直線的に並んでいるところが見つかるかと思います。さらに，「ほかより小さな○を見つけてください」「色のついた○を見つけてください」といわれたら，それらが見つかるはずです。

先ほどなんの目的もなく見たときには見えなかったこれらも，目的を与えられた途端に見えるようになりました。これが，認知できたということです。これからわかることは，あれが見たいと目的を持って見ればそれが見えますが，なにも目的もなく見ても，なにも見えないということです。

さて，ここで再び先ほどの図に戻るとどうでしょうか，直線的に並んだものと小さな○が勝手に目に飛び込んでくるでしょう。これが教育ということでもあります。これは，このように見なさいと教えられるとそれしか見えなくなる

危険性を含んでいるということでもあります。

　それ以外のものもないかと自分で探すことが研究心であり，大学で習得してもらいたい技でもあります。これをバイオミメティクスに当てはめると，こういう機能が欲しいと目標を決めて「ある生物の機能」を探さないと，なにも見つからないということです。機能が欲しい，または人びとが望んでいる機能はこれだと決めること，もしくは設定できることが工学屋として必要な能力です。

まとめ

　アイデンティティを持つためには，ほかと違うということが必要です。違いを示すには他と区別するための境界が必要です。境界を目立つようにすれば他との区別が容易ですが，逆に境界を曖昧にすることで周囲と区別がつきにくくなります。

　これが隠蔽擬態です。カモフラージュというのもこれに当たります。いかに周囲に同化するかというのは，境界を曖昧にすることです。

コラム：透明マント

　透明マントとは，透明人間になるためのマントで，マントが透明というわけではありません。透明というのは透けて見えないというようなイメージですが，このマントの役割はそれを身にまとうと周囲に同化して，周りと区別がつかなくなるようにすることです。どこが違うのかと思われるかもしれませんが，人が存在するのかしないのかの違いがあります。存在していても周りと区別がつかないとき，居ても認識できないのです。ハリーポッターの映画で，透明マントを着ているのですが，気配が感じられるというシーンがあります。まさに，見えないだけでその場に居るので気配は感じられるのです。透明マントを着なくても，その場の雰囲気に溶け込める人は目立たないのでしばらく経って「あれ？　いつから居たの？」などと聞かれてしまいます。周囲と同化するという技法はまさに擬態です。プロジェクションマッピングのように，でこぼこした建物をスクリーンとしてそこにものを映した途端にその建物は気がつかれないので見えなくなってしまいます。マントに周囲の風景を映せばこれが透明マントになるはずです。

6.2　タコとイカの変身技

◻ 状況に応じて形や色を変える

　頭足類と呼ばれるものに，図 6.4 に示すようなオウムガイ，イカ，タコがいます。海に住む軟体動物です。オウムガイは 5 億年前に出現してからほとんど進化しておらず，生きた化石と呼ばれています。タコの頭にみえる丸く大きな部位は，実際には胴部です。本当の頭部というのは触腕の基部に位置し，眼や口器が集まっている部分です。頭から足（触腕）が生えているので，同じ構造を持つイカとオウムガイとともに頭足類と分類されています。イカやタコの呼吸色素（人間のヘモグロビンに相当）はヘモシアニンといい，中心核が銅であるために酸素と結びつくと青色となります。このため，カニ，エビ，昆虫などの節足動物とともに，イカやタコなどの血液は青色です。

　　　オウムガイ　　　　　イカ　　　　　　　タコ

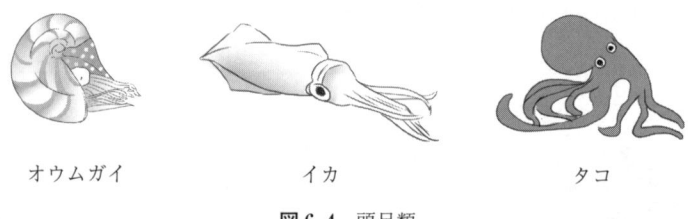

図 6.4　頭足類

　イカとタコは 4 億年前の古生代シルル紀に出現しました。彼らは高い知能を持っていて，形を認識することや，問題を学習し解決することができるようです。身を守るためには，保護色に変色し，地形に合わせて体形を変える，その色や形を記憶できることが知られています。そんな技をみていきましょう。

◻ 変身の達人ミミックオクトパス

　ミミックオクトパスは，インドネシアの海に分布する，約 50 cm に成長するマダコ科のタコです。状況に応じて図 6.5 に示すように，ヒラメやウミヘビ，イソギンチャク，ハナミノカサゴ，シャコ，クモヒトデ等に似た，いくつ

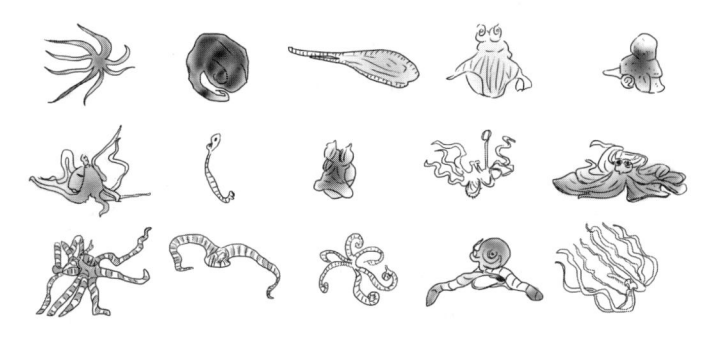

図 6.5　ミミックオクトパス

かの形に変身できます．さらに，表面の色，模様も変えることができます．このタコだけがこのような能力を持つのではなく，普通のタコでもこれほどではないにしろ変身できます．

　第三者的にこのタコを見ると，確かにほかの生物に似ているのですが，タコ自身はどのように認識しているのか，自分がいまヒラメに似ているということをどのように確認しているのでしょうか．また，ヒラメの形状が遊泳に有利であることをなぜ知っているのでしょうか．これから，認識という点で解き明かさなければならない面白い問題です．

◻ 危険信号ブルーリングオクトパス

　オーストラリアの海岸ではブルーリングオクトパス（ヒョウモンダコ）に触れないように注意する看板が立っています．このタコは図 6.6 に示すように大きさが約 10 cm と小さく，青いリング状の模様が綺麗なため，つい触れたくなってしまうのですが，じつはテトロドトキシンというフグと同じ猛毒を唾液に持っているため危険です．警戒色である青いリング状の模様を示して，猛毒があるよと知らせているのだそうです．それでも天敵はおり，後で述べるコウイカというイカがそうで，コウイカにはこの毒が通用しないようです．

図 6.6　ブルーリングオクトパス

6.2　タコとイカの変身技

ブルーリングオクトパスは刺激を受けると青いリング状の模様をうかび上がらせます。図 6.7 に示すように，筋肉繊維の収縮と弛緩によって，黒色素胞を大きく広げたり縮めたりすることで，取り囲まれたブルーリング虹色素胞を見えるようにしたり見えなくさせたりして模様を点滅させます。ただし，光を発するものではないので，あくまでもブルーリング虹色素胞に含まれるグアニンの小片板によって反射する青緑の光（波長 500 nm）が見えることになります。イカでは神経伝達物質であるアセチルコリンが筋肉繊維のアセチルコリン受容体に作用し，収縮を促進します。また，セロトニンによって弛緩します。一般に塩化カリウム（KCl）は細胞膜の偏光度を下げさせるよう作用し，ナトリム（Na）は色素胞を活性化するため，これらが体表面の色やパターンを変える制御物質です。

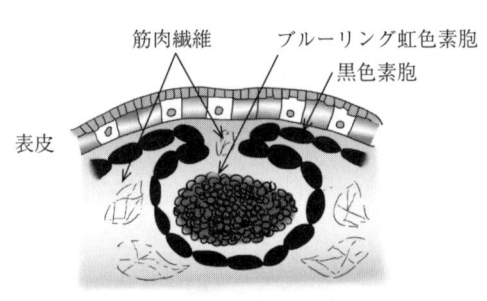

筋肉繊維　ブルーリング虹色素胞
黒色素胞
表皮

閉じているので見えない　　　　開いているので見える

図 6.7　青いリングのしくみ

◻ 海の忍者コウイカ

　イカ類は大きく分けて，体が短く厚い石灰質の甲をもったコウイカ類と，体が細く薄い軟甲をもったヤリイカ類に分けられます。コウイカは，全身に占める脳の割合が無脊椎動物の中で最も大きく，知能が高いといわれています。甲というのは通常イカの骨のことをいい，かつての貝殻の名残で，炭酸カルシウムでできているものです。オウム貝は立派な貝殻をいまでも持っていますが，ヤリイカやスルメイカでは軟甲と呼ばれる薄い膜状のものになっています。

コウイカは**図 6.8**に示すように皮膚の色やパターンおよび表面形状を変化させてカモフラージュすることができます。カモフラージュには形をなにかに似せる，輪郭や陰影を消す，光沢をなくす，周囲の石や植物を身につける，迷彩を施す等の方法があります。

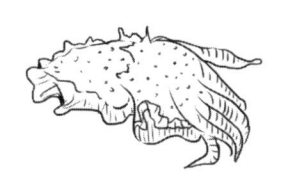

図 6.8 コウイカ

コウイカの皮膚には，外側から順に黄色素胞，赤・橙色素胞，茶・黒色素胞の層があり，その下に虹色素胞があります。色素胞をその周辺についている筋肉細胞によって収縮・弛緩させ，表面を覆う面積を変えて黄・赤・黒の組合せによる色を表現することができます。また，これらの色素胞を収縮すると，最下層にある虹色素胞から反射してくる金属的な青，緑，金，銀色が表面から見えるようになります。色素胞と虹色素胞との組合せでさらに多彩な色を表現できます。

コウイカが獲物を見つけ，それに近寄り捕捉するプロセスは，獲物に気づかれないようカモフラージュして近寄り，腕を広げて囲むようにし，さらに体全体に明暗の帯を点滅させ，あたかも水面の光の揺れのよう見せます。狙いを定め，触腕と呼ばれる1対の腕を素早く伸ばし，獲物を捕らえて口に運びます。

まとめ

タコやイカは，表面が柔らかい構造であるため，筋肉で形を変えたり，表面近くの色素胞の見える比率を変えることができます。柔らかいという一見不利な条件を逆に変身するという積極的な使い方によって有利に持っていき，生き延びています。状況に応じて変身できる服ができると，人間の生活も変わることでしょう。

6.3 スズメバチの模様

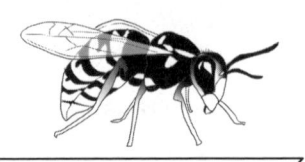

◻ 危険性を利用

　スズメバチは秋口に攻撃性が高まります。餌とするのはおもに昆虫です。毒針には返しがないので，1度刺すと死んでしまうミツバチとは違い，何回でも刺すことができます。毒の成分の多くは，人を含む動物の免疫系や神経系に関連した情報伝達物質です。これによって情報処理機構を混乱させ，急性アレルギー反応であるアナフィラキーショックを引き起こします。

　スズメバチ類はたがいに似通った体色をしています。これは狩りをするうえでは見られた途端に逃げられてしまうので不利と考えられますが，仲間同士を認識するのに使われているのではないかと考えられます。そして，このスズメバチの体色に似せた昆虫が沢山います。それを真似するほかの昆虫にとっては，スズメバチの危険性を利用し，外敵に対して近づいてこないようにという警告にもなりますが，スズメバチに対しては仲間だから餌にしないでねという表示になっているものと考えられます。この色の持つ意味について考えていきましょう。

◻ スズメバチに擬態

　スズメバチやミツバチなど，ハチは黒と黄色の模様が特徴的です。このような色を警告色といいます。アシナガバチはスズメバチ科のハチの総称で，セグロアシナガバチ，キアシナガバチ，フモンアシナガバチが日本各地でみられます。ハチ以外でこの色パターンに似ているものが，スカシバ，アブ，カミキリ，カノコガなどです。また，これは踏切に使われる色でもあります。

　この色は一般的に危険を表すもので，スズメバチに擬態することで外敵に対して近づくなよという警告を発しているものと思われます。しかし，これが通じない相手もいます。それはスズメバチの天敵であるタカ科のハチクマ，その他オニヤンマ，オオカマキリ，クモなどです。また，スズメバチにとってはこ

の色は仲間を表すサインになります。

この黄色と黒の縞模様が危険を表すものだとすると，なぜあえて危険を知らせる必要があるのでしょうか。捕食されるものに対しても天敵に対しても同じく目立つわけですから，スズメバチ自身困るのではないかと思われます。天敵の数を減らすということかもしれません。

◻ 色が持つ意味

人が色から受ける印象を**表 6.2**に示します。それぞれポジティブなイメージとネガティブなイメージを持ち合わせています。なお，学術的ではありませんが，**表 6.3**にはその色を好む人の性格も示してあります。ポジティブなイ

表 6.2　色から受ける印象

色	ポジティブイメージ	ネガティブイメージ
赤	華やか，情熱，少理，生命力，行動力，野性的，リーダーシップ	攻撃的，危険，暴力，圧迫，怒り，興奮，自己中心的
桃	美，若さ，優しさ，愛，ロマン，甘さ，安らぎ，安心，幸福，メルヘン	幼稚，わがまま，非現実的，甘え，弱さ，媚び，自信喪失
橙	活気，喜び，親しみ，陽気，幸福，前向き，躍動的，食欲，健康	わがまま，落ち着きがない，安っぽい，おせっかい，目立ちたがり
茶	安定，安心，大地，生命の根源，自然，癒し，落ち着き，堅実	地味，不器用，老け，あいまい
黄	元気，明るい，喜び，集中力，希望，楽天的，社交的，集中力，軽さ	幼稚，未熟，注意，警戒，防衛心，計算高い，破壊，優柔不断，神経質
緑	リラックス，自然，癒し，安らぎ，安全，健康，平和，若さ，新鮮	未熟，自己主張の欠如，目立たない，用心深さ，無難
水	親切，変化，安心，開放的，自由，すがすがしさ，理性的，意気揚々	寂しさ，未熟，孤立，義務感
青	爽やか，冷静，集中力，水・海・空，開放感，清潔，涼しさ，信頼性，常識的	冷たさ，寒さ，後退，悲しさ，憂鬱，孤独，冷淡，消極的，保守的，内向的
紫	神秘，古典，伝統，高貴，優雅，幻想，高級，上品，癒し，想像力，宗教	不安，恐怖，傲慢，慢心，嫉妬，不満，孤立，現実逃避，自虐的，体調不良
白	純潔，清潔，中立，敬意，尊敬，開放的，穏やか，神聖，再生，未来，無限	無，冷淡，敗北，潔癖，むなしさ，欠落
黒	重量感，頑丈，安定，落ち着き，高級，自信，威厳，自信，上品，都会的	暗闇，絶望，恐怖，不安，不吉，威圧，悪，汚さ，頑固，正体不明

表6.3 その色を好む人の性質

色	性質，キャラクター
赤	情熱的，負けず嫌い，努力家，運動好き，勝負好き，熱心，元気，決断が速い，行動力がある，指導者，上昇志向がある，目立ちたがり，飽き性，慎重さに欠ける，怒りっぽい，せっかち，感情で動く，持続性に欠ける，派手好き，客観性に欠ける
黄	明るい，フレンドリー，マイペース，ユーモアがある，好奇心旺盛，知識欲が強い，頭の回転が速い，無邪気，お調子者，子供っぽい，毒舌家，知ったかぶり，無神経，悪ふざけをする，自己中心的，浪費家，おしゃべり，寂しがり屋
青	冷静，常識人，慎重，信用できる，知的，戦略的，ストイック，相手を尊重する，思いやりがある，気配り，謙虚，品性がある，遊び心に欠ける，冷たい，ノリが悪い，意思が弱い，八方美人，優柔不断，恥ずかしがり屋，プライドが高い
緑	前向き，誠実，謙虚，若々しい，努力家，優しい，自然が好き，感覚を大事にする，落ち着きがある，平和主義，バランス感覚がいい，現実志向，色気がない，いい人でおわる，緊急事態に弱い，平凡，気難しい，自惚れ屋，脇役タイプ
茶	堅実的，安定志向，自然志向，マイペース，温和，落ち着いている，信頼がおける，不満を我慢する，目立ちたくない，コツコツやる，頑固者，変化を嫌う，堅物，遊び心に欠ける，仲良くなるのに時間がかかる，泥臭い

メージでは，赤は情熱，黄色は希望，緑は新鮮，青はさわやかで落ち着き，黒は威厳です。ネガティブなイメージでは，赤は攻撃的，黄色は警戒，緑は用心深い，青は憂鬱，黒は恐怖です。これらはあくまでも人間の経験からの意味づけです。多くの人がこのような受け止め方をするわけですが，これもそういわれているからと教えられることに依存しています。国や文化が違うと必ずしもこれらと同じではありません。例えば，車を海外で売るときに好まれる外装の色が日本のものとは大いに異なることがあります。そういったこともデザインに反映する必要があります。

◻ 色の組合せの効果

図6.9に，色を虹色の順で環状に並べたものを示します。黄色に近い色相は「黄緑」や「黄橙（オレンジ）」であり，逆に黄色と最も離れている色相は反対側にある「青紫」です。この黄色と青紫の2色の関係を補色（反対色）といいます。この色相差が大きい色同士を組み合わせると，たがいの色を目立たせる効果があります。黄色の反対の色相は黒っぽい青紫です。この黒っぽい色

に黄色があるとコントラストがよく，見やすい組合せとなります。これは人間の見え方の色相環からの解釈です。紫外線が見えるハチでは，紫外線の色が加わった色相環を考える必要があります．人間には黄色に見える色の補色（青紫）が，ハチにとっては黒色なのだと考えられます．このようにハチの黒には紫外線の色が含まれていると考えると，昆虫にはもっとはっきりと黄色を認識できるのかもしれません．黄色の色相と近い赤の色相は青っぽい緑ですから，草や葉っぱの緑に対して見えやすい色です．これも自然の背景の中では見えやすいと考えられます．

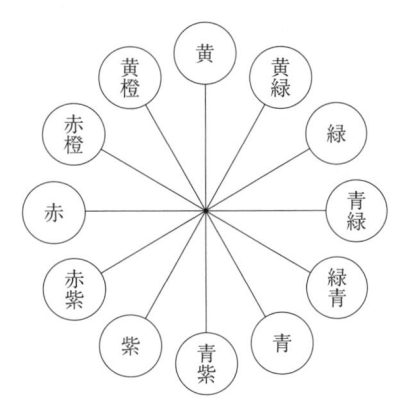

図 6.9 色相環

　黄色は表6.2にもあるように，人間の心理的判断からいうと警戒色です．この心理そのものを動物にあてはめられるかどうかは疑問ですが，人間の本能をよりどころにすれば，ほかの動物にも当てはまることかもしれません．

ま と め

　昆虫は人間には見えない紫外線も見えるので，人間の見ている世界とは大きく異なっているものと考えられます．このため人間が考える警戒色というものが昆虫の認識するものと同じとは限りません．標識のデザインとして昆虫のものを人間が利用するとすれば，人間が見えている世界で目立たせるようにするためには三原色における反対の色相の組合せを使うのがよいということになります．また，なにかを表現するときに，色には人が受ける感覚的な共通な意味があることを知ってデザインに用いるとよいでしょう．

6.4 花や葉っぱになりすます

◻ 自然の中に溶け込む

　自身の安全のために，周囲環境の自然に溶け込むように擬態する昆虫がいる一方で，獲物を捕えるために擬態して身を隠す昆虫もいます。見た目の姿や形を似せるだけではなく，まるでその植物になりきったかのようにその性質までをまねする昆虫の技をみていきます。

◻ 花に擬態するカマキリ—化学擬態—

　擬態の目的の一つである攻撃擬態をとるものにカマキリがいます。普通に見られるのは新緑の緑色だったり，枯れ葉の茶色だったりと色と形を葉に擬態したものです。

　図 6.10 に示すような，ランの花にそっくりなハナカマキリがいます。初齢幼虫のときには，臭い匂いを出すカメムシの幼虫に擬態し，脱皮をするとピンクがかった白いランに似た幼虫となります。こうなると，花に似せてほかの昆

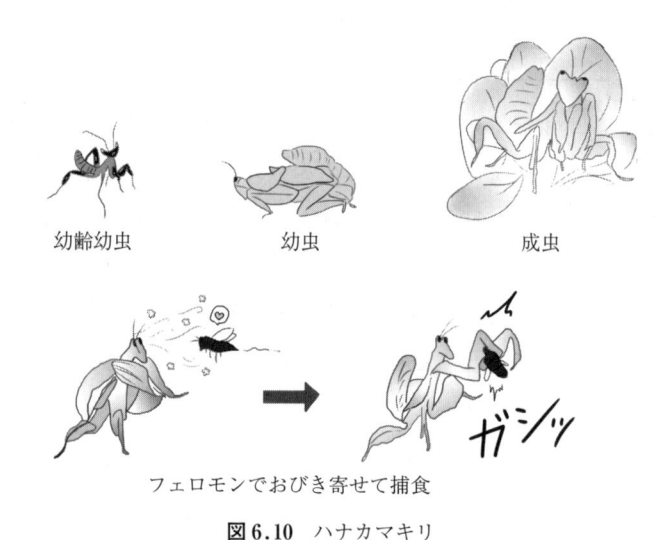

幼齢幼虫　　　幼虫　　　成虫

フェロモンでおびき寄せて捕食

図 6.10　ハナカマキリ

虫，特にハチをおびき寄せて捕食します。

このとき，ハチのフェロモンを前方に吹き出し，ハチを正面におびき寄せて捕らえるという技を使います。化学物質であるフェロモンを使うという点で化学擬態といわれます。なぜ，ハチを引きつけられるフェロモンが使えるのか，不思議です。捕えるのはハチだけに限らず，蝶も捕まえます。必ずしもフェロモンの効果だけではなく，見た目の花らしさも重要なアピール点と考えられます。

ちなみに，いくつかの花は昆虫に見つけてもらいやすいような模様を，昆虫には見える紫外線領域に持っています。ハナカマキリも同様に紫外線領域にそのマークを備えています。昆虫は人間が見える三原色に加え，紫外線の色も見ることができるので，われわれには想像もつかないメッセージが書かれていることがあるかもしれません。

ハナカマキリのほかに，花に似せた擬態をするものに**図6.11**に示すハイイロセダカモクメというガの幼虫がいます。ヨモギの花に擬態しています。成虫になると木肌に擬態しているようにみえます。この場合，攻撃力はないので隠蔽擬態となります。

図6.11 ハイイロセダカモクメ

□ 葉っぱに隠れる

植物の葉っぱや枝に擬態する昆虫は多く，その中で葉っぱに擬態するものの代表として**図6.12**（a）に示すコノハムシがいます。葉脈や虫食いの跡の見

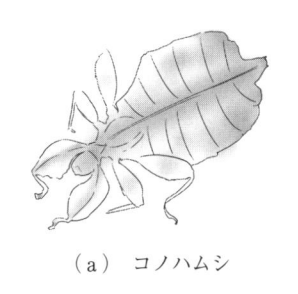

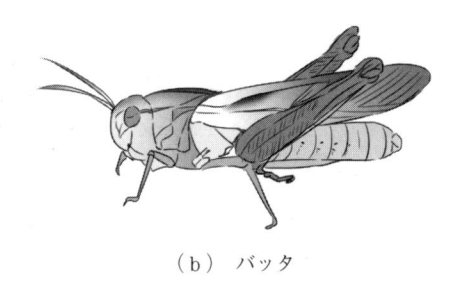

（a）コノハムシ　　　　　（b）バッタ

図6.12 葉っぱに隠れる

6.4 花や葉っぱになりすます

た目だけではなく，風に揺れる様子を表すような前後に体を揺する歩き方もします。このほかにも図（b）に示すような緑色をしたバッタは葉っぱに擬態していて，見つけにくい昆虫です。いずれも赤茶けた部分や葉脈を表現しています。

チョウでは，幼虫や蛹の段階で葉っぱに似るものがいます。例えば，図6.13に示すバロンチョウでは，足が枝状のふさふさの毛のようで，境界を曖昧にして葉っぱの風景にとけ込み，葉脈の主脈を表す模様を備えています。こ

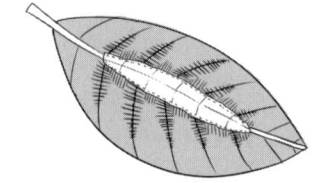

図6.13　バロンチョウの幼虫

のような例を見ると，自分の背中の模様を知っていて，それに合う位置を探して張りついているとしか思えません。

身近にいるナミアゲハの幼虫では，若齢と終齢および蛹で異なる擬態をします。その様子を図6.14に示します。若齢幼虫では鳥の糞，終齢でヘビ，蛹で葉っぱに擬態します。ここまで慎重に擬態してきた割に，成虫は華やかでかなり目立ちます。このように変化する擬態になにか意味があるのかもしれません。

葉っぱに擬態しているのかどうかは定かではありませんが，色や葉の反射などを表しているのかもしれない昆虫に，図6.15に示すウンモンスズメというガがいます。まるで迷彩服をまとっているようです。

スズメガ科のオオスカシバはホバリングして花の蜜を吸うため，ハチドリと間違えられることがあります。飛びながら花の蜜を吸う姿は，まるでエビのよ

初齢幼虫　　幼虫　　蛹　　成虫

図6.14　ナミアゲハ

図6.15　ウンモンスズメ

128　　6. 似ている？　似せている？

うな姿をしていますが，エビに擬態しているとはいいません。たとえ似ていても意味付けができないからです。

☐ 枯れ葉，木肌・小枝に隠れる

葉っぱの中でも枯れ葉に似せる昆虫も多くいます。昆虫以外にも，カエルやヤモリにもいます。アケビコノハというガの幼虫は，目玉のような模様でヘビに見せて威嚇するかのごとき姿勢をとります。

木肌や小枝に擬態するものも多くいます。図 6.16 に示すように，フクロウは昼間じっとしていることが多いので，天敵から身を隠すように木肌の模様と同化しています。ナナフシは小枝に似せています。

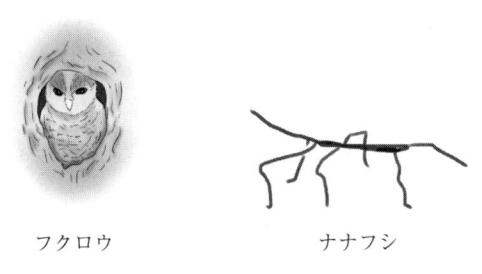

フクロウ　　　　　　ナナフシ

図 6.16　木の枝に隠れる

ま　と　め

多くの生き物が周囲の環境の色やパターンに同化させるために境界を曖昧にしています。この機構を人工的に作ろうとすると，周囲のパターンを観察するセンサと，それに合わせて色やパターンを変えるためのアクチュエータ，もしくは表示器が必要となります。昆虫はどのようになにをセンシングしているのでしょうか。いま，プロジェクションマッピング技術によって建物のような複雑形状の対象物と映像を重ね合わせることができます。これを応用することも考えられます。

6.5 昆虫に化ける植物「ラン」

□ ラ　ン

　ランという花は，多種多様でなぜか人を惹きつける花です。もともと虫を利用して受粉する虫媒花ですが，人をも惹きつけ利用して繁殖しているとすれば，たいした能力です。また，ランはそれだけでなく，つぎに示すような昆虫に擬態したものもあります。

□ 雄バチをたぶらかすハンマーオーキッド

　図 6.17 に示す，ハンマーオーキッドというランは，ハチの雌に擬態した唇弁（一つの花弁が変形したもの）を持っていて，さらにその雌バチと同じフェロモンを放出して雄バチを誘うというのだから驚きです。かわいそうな雄バチは，その唇弁を雌バチと間違えてつかまり，交尾しようともがいているうちにずい柱（雄しべと雌しべが合着したもの）に当たり，花粉塊をつけられてしまいます。雄バチは頭に花粉塊をつけたまま飛び去り，また別の花の擬態した唇弁につかまったときに，今度はその花粉をその花の雌しべにつけます。

　　　　　　ハチの雌に似た　　　　　花粉塊を
　　　　　　唇弁　　　　　　　　　　持つずい柱

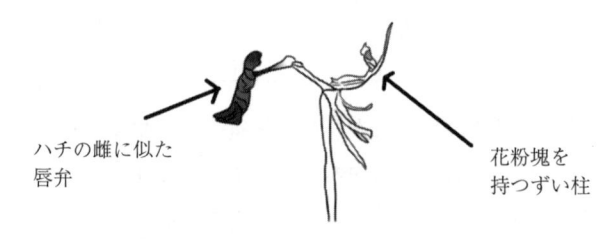

図 6.17　ハンマーオーキッド

　こんな巧妙な手段を使って受粉するのです。どうやってそんな技術を植物が会得したのでしょう。まず，飛ぶハチに花粉を運ばせること，そのハチの生態や形体，雌のフェロモン等をどのように知って，自分の仕組みをどうやって変化させてきたのか，進化における謎です。それだけに，なにか知的な地球外生

命体のような不思議さを持っているので，ランは世界中で特に人気があるのかもしれません。

　ハンマーオーキッドのハンマーと呼ばれる唇弁部分の仕組みはどうなっているのでしょうか？　ハチが唇弁につかまると，柄の先端にあるヒンジ部分を中心にずい柱方向に回転します。ハチがつかまるまでは，**図 6.18**の左図のように待ち受け状態ですが，つかまった瞬間にくるっと回転します。なにかタッチセンサのようなものがついているように思われますが，じつはハチの羽ばたきによる揚力を利用しています。したがって，ハチが羽ばたかなければ柄は回転しないのです。このハンマーオーキッドにつかまるハチの特性を上手く利用しています。

図 6.18　ハチに花粉をつけるしくみ

　このハチの雌は翅がないため飛べません。土の中から出てくると草などの先端に昇っていき，そこでフェロモンを出して雄バチを待ちます。雄バチは雌バチをつかまえ，蜜を吸う花に運び，そこで受精します。つまり，このハチの特性として，雄バチは雌バチをつかまえると飛び立とうとするのです。このことをハンマーオーキッドは利用しています。

　雄バチは雌バチと自分の体重の合計分の揚力を出さなければなりません。この力がハンマーの柄を回転させる力となり，図 6.18 に示すような状況になります。なお，ヒンジ部分のちょっとした出っ張りの反発力でハンマーを戻していると思われます。

❒ 雌バチになりきるオフリス

　ランの花は花弁（ペタル），唇弁（リップ），がく片（セパル），ずい柱（コラム）によって構成されています。受粉のために，花粉を運ぶ昆虫をいかに呼び寄せるかという目的で，進化したと考えられています。オフリスの仲間の花はある種の雌バチに擬態していることが知られていて，図6.19に示すように雄バチの交尾行動を利用して受粉します。しかも，花の色形だけを雌バチに似せているだけでなく，雌バチが発するフェロモンに似た成分を分泌し，雄バチを騙しています。

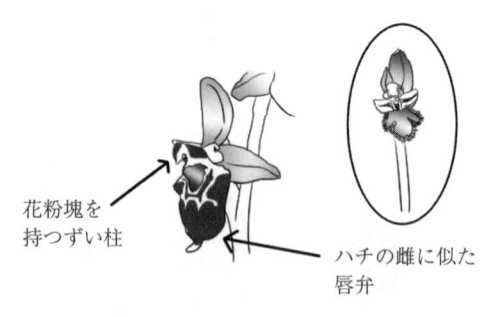

図6.19　オフリス

まとめ

　ハンマーオーキッドは，飛べない雌バチを抱えて飛びさるという，ある種のハチの特性を受粉に利用するという，驚くべき戦略をとっています。ハチの揚力を物理的に利用して，雄しべの柄の回転運動を引き起こし，ハチの頭に花粉をつける衝撃力と粘着力を利用するわけですから，脱帽です。なぜ，そのようなことが会得できたのかということを考えることは，これからの人類の生き残り戦略を考えるうえで重要なことです。

花粉管の謎

植物の受粉プロセスにおいて，花粉から供給される 6 μm の精細胞が，胚珠内にある 300 μm の卵細胞に出会う（受精する）ことは驚くべき出来事です。このとき花粉管がなぜ卵細胞を目指して伸びていけるのか，なぜ伸びられるのかなど，疑問がわきます。

ここでは伸びることの物理を考えてみましょう。ユリを例にみてみると，雄しべの葯の中にある花粉（長軸 140 μm，短軸 50 μm のラグビーボールのような形）が雌しべの柱頭に付くと，そこから約 8 cm 離れた胚珠内の卵細胞まで直径 20 μm の花粉管を伸ばし，その中を精細胞を移動させて卵細胞と受精させます。花粉管は 5 μm/s で伸びていくため，卵細胞にたどり着くまでに 4.4 時間かかる計算になります。

花粉は網目状骨格構造で覆われているので，花粉管を伸ばしているときにつぶれたり大きくなったりすることはありません。花粉管が伸びていく際に花粉の内容物がその管内に送られるとすると，質量が保存されるとしたときどのくらい花粉管が伸びられるか見積もってみましょう。

花粉を回転楕円体とするとその体積は 1.5×10^6 μm^3 となります。花粉管を長さ h の円柱とすると $3.1 \times 10^2 \times h$ μm^3 と表せます。両者が同じ体積でなければなりませんから，そのことから $h = 1.5 \times 10^6 / 3.1 \times 10^2 = 4.8 \times 10^3$ μm と求められます。つまり，4.8 mm です。卵細胞にとどくために 80 mm は伸びなければなりませんから，花粉の体積は 17 倍ほど，寸法でいうと 2.5 倍ほど大きくなければなりません。

このことから，花粉管が伸びる際に体積を増やすために水を 23.3×10^6 μm^3 取り込まなければならないことになります。もちろん，花粉管の成長に必要な物質も供給されなければなりません。細胞骨格といわれる繊維状組織が物質輸送を担っているとすると，ATP というエネルギーを生み出すミトコンドリアも含まれている必要があります。

7 みえるもの，みせたいもの

◆素材：光，生き物の色，絵画，黄金比，化粧，ダンス
◆道具：色彩，印象心理，振動学，数学

☐ 自分表現

　前章では，なにかに擬態して自分を隠したり，自分がほかのものになったり，形や色で誇示するということを見てきました。本章では見え方にかかわる光の物理，自然の形が持つ美しさの秘密，ダンスという表現のリズムとそれが持つ意味を考え，自己表現にかかわる物理をみていきます。

　自分を表現する方法として，化粧と髪型，服装，装飾品といった視覚表現から，香料や香水といった匂いによる嗅覚表現，装飾品である金属のふれあう音や衣擦れの音，音楽やダンスといった聴覚表現等があります。これらによって，自分の印象が人にどう伝わるのかを意識する必要があります。いまこの場におけるTPOに合わせて，自分をどのように表現するかを考えて，トータルコーディネートすることが重要です。

☐ 美　し　さ

　漢字の「美」というのは亀甲文字として生贄(いけにえ)にする羊を表しているものだそうです。神様に捧げるのに完璧な姿のものを美しいとしたのです。それによって人びとは感動，安堵感(あんどかん)，充実感を得たわけです。したがって，美というのはよいことや優れていることだけでなく，人になにか感動を呼び起こさせるものでなくてはならないものです。

　自然美は自然のものから感動をもたらすもの，造形美および芸術的な美は人によって作られたもので感動を呼び起こさせるもの，工学的に使う機能美はその機械の機能や動作が人びとにすごいと思わせるものです。

❏ 美しいもの

　世の中で共通認識として美しいとされるものがあります。ボッティチェリのヴィーナス，ダ・ヴィンチのモナリザ，広隆寺の弥勒菩薩，ダイヤモンド，孔雀の羽等です。芸術家の表現したいことを類いまれなる技術で作られたものは，ほかの人びとがそれを理解した瞬間から評価されるようになります。絵そのものは変わらないのですが，美しいと理解する人が多くなるとそれを欲しいと思う人が増えてきます。ところが絵は一つしかないので，希少価値となり，評価が上がって美術品となります。

　金やダイヤモンドは美しい。これに対して黄銅やガラスでは，たとえ金やダイヤモンドと同じように輝いていても，実際の素材がなんであるかを知っているときと知らないときとでは，美しいと感動する程度が異なります。つまり，視覚情報だけで美しさを決めているのではなく，それに付随する価値を理解できるかどうかにかかっています。

　本章ではほかにどのように見せるのか，ほかからどのように見られるのか，といったことを解き明かしていきます。また，表現したいものを美しくみせるにはどうすればよいのか考えていきます。

7.1 見えていること　　人と他の動物とは見える世界の色が異なります。人が見える光についてみていきます。

7.2 魚の色，昆虫の色，鳥の色　　動物にみられる金属のような光沢のある色はどうやって出すのでしょうかその秘密に迫ります。

7.3 美しい形の秘密　　なにをもって美しいと感じるのかを考えます。

7.4 美しくみえる化粧　　化粧や仮面をつけることでなにを表現するのか考えます。美を表現する方法に迫ります。

7.5 求愛ダンス　　ダンスというリズムの心地よさは，体との共鳴現象によって決まると考えられます。リズムと表現についてみていきます。

7.1 見えていること

□ 可視光

人になにかを見てもらうには，人の目でキャッチできる光（可視光という）がどのようなものか，また，どのように目に入ってくるかを知っておく必要があります。物体はある波長の光を吸収し，それ以外の波長の光を反射します。この反射光を網膜の光受容細胞である視細胞（錐体視細胞および桿体視細胞）で感受します。

視細胞にはオプシンにレチナールが結合した色素タンパク質である視物質が存在し，吸収波長の異なる紫外型，赤型，緑型，青型の4種類があります。魚類，両生類，爬虫類，鳥類はこれらを4種類とも持っているのですが，初期の哺乳類は夜行性であったこともあり，色覚は必須でなかったために二つを失い，青と赤だけを持つようになりました。ヒトを含む霊長類では，哺乳類が失った緑を突然変異的に獲得し，3色を見分けることができるようになっています。したがって，ヒトは進化の過程で紫外線領域の情報だけを失ったことになります。しかし，鳥類などの4種類の視物質を持った生物とは見え方が大きく異なります。経験のない知らない世界なので想像しようがないのが残念です。

□ 光の三原色

人間が見える光の色は赤，緑，青の三原色です。それらがいろいろな割合で混ざると，図7.1のような色のほかにいろいろな色が現れます。カラーディスプレイの発光体にはこの三原色が使われています。光の足し算で色を作る方法を加法混色といって，異なる色の光を重ねて作る同時加法混色，色分けされた円板を回転させたときのように，目に入る時間をLEDの点滅で変えて作る継時加法混色，細かい色の点をモザイク状に敷き詰めるように色を作る並置加法混色があります。また，白色光をフィルタに通して色を作る方法もあります。

カラー液晶画面は赤・緑・青のフィルタの手前にある液晶の傾きを変えて光

の強度を変え，並置加法混色でいろいろな色を作っています。一原色当り256階調（8ビット）で行えば，3色を組み合わせると256×256×256＝約1678万色の色を作ることができます。フィルタを使わずに3色のLEDを使うものもあります。フィルタを使ったほうが明るく発色性がよいというメリットがあります。

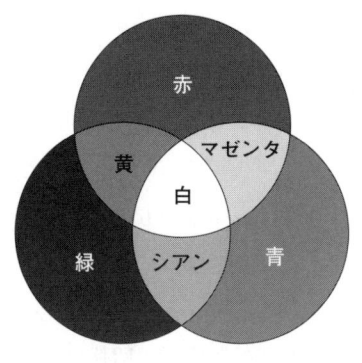

図7.1　光の三原色

❑ 色材（絵の具）の三原色

色材の三原色は白色光が色材に当たり，その一部が吸収され，残りが反射または透過されて見える色のことです。この場合の三原色というのは，図7.2に示すような黄色，マゼンタ，シアンで，カラープリンタで使われるインクの色です。黄色の色材というのは青の光を吸収するので，残りの色である赤と緑の混ざった光を反射または透過させます。同様にマゼンタは緑を吸収して青と赤の光を反射または透過させるもの，シアンは赤を吸収して青と緑を反射または透過させるものです。光の三原色と表裏一体の関係となります。

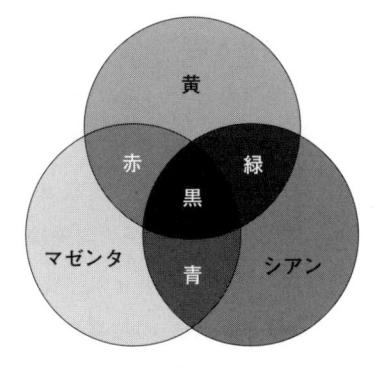

図7.2　色材の三原色

❑ 光の反射と屈折

光が真空中を進む速度（光速）cは，約3億m/s（＝30万km/s＝10億8000万km/h）です。この速度で飛んでくる光という情報を，図7.3に示すように光線という矢印で表して考えてみましょう。

光の入射角度をθ_a，反射角度をθ_r，屈折角度をθ_bで表します。これらの角度の関係として，物体面の直角方向（法線方向）に対する入射角度と反射角度

7.1　見えていること　　137

は同じなので，$\theta_a = \theta_r$ となります。物体を透過する光が，ある角度 θ_b 曲がって入っていくことを屈折といいます。物体中を進む光の速度を v として，屈折率を $n = c/v$ で表します。物体中の光の速度は真空中のものより遅いので，屈折率は必ず1より大きな値になります。

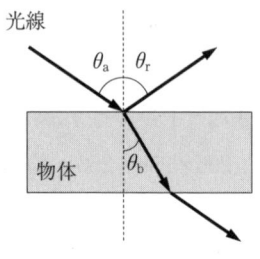

図7.3 光の反射と屈折

異なる物質 a と b を通る光の界面における入射角度と屈折角度との関係は

$$n_a \sin \theta_a = n_b \sin \theta_b \tag{7.1}$$

と表されます。面に直角に入射してくる場合は屈折せずに進むので，$\theta_a = \theta_b = 0$ です。物体によって屈折率は異なり，ガラスの屈折率は $n = 1.52$，空気は $n = 1.00$，氷は $n = 1.31$，水は $n = 1.33$，グリセリンは $n = 1.47$ です。

◻ 光の波長と色

光の性質として，光の周波数 f は，ほかの物質に入っても変化しないことから，$f = c/\lambda_0 = v/\lambda$ と表されます。ここで，λ_0 は真空中における光の波長です。さらに，屈折率の定義 $n = c/v$ より，$\lambda = \lambda_0/n$ のように書き換えられます。この屈折率と波長の関係は，物質の屈折率が1より大きいので真空中での波長 λ_0 の光が屈折率 n の物質に入ると波長が短くなることを表しています。

例えば，700 nm の波長の赤い光が水に入ると，100 nm / 1.33 = 526 nm のシアンに近い緑に，600 nm の黄色は 451 nm の藍に近い青に変化します。

物質 a から物質 b へ入射する光については，上記と同様に $\lambda_b = (n_a/n_b)\lambda_a$ と表せます。これより，例えば空気 → ガラス → 空気の順に波長 $\lambda_a = 700$ nm の赤い光が進むと，ガラス内では $\lambda_b = (1/1.52) \times 700$ nm = 461 nm の青の光となり，ガラスから空気に出るときに再び $\lambda_a = (1.52/1) \times 461$ nm = 700 nm の赤い光に戻るということになります。したがって，ガラス内では波長が空気中より短くなりますが，出るときには再び元の赤い光に戻るので，光がガラスを通過してもガラスという物質がなかったかのように透けてみえるのです。

❒ 全 反 射

　水中から発した光は，水面で一部が反射し，そのほかは屈折して空気中に出て行きます。ところが，屈折角 $\theta_a = 90°$ になる場合には状況が異なります。式 (7.1) に屈折角 $\theta_a = 90°$ を代入すると

$$\sin \theta_b = \frac{n_a}{n_b} \sin \frac{\pi}{2} = \frac{n_a}{n_b}$$

のように表され，空気 $n_a = 1$，水 $n_b = 1.33$ の場合，$\theta_b = \sin^{-1}(1/1.33) = 48.8°$ と求まります。すなわち，光源から出た光のうち 48.8° の角度で出た光は，屈折角 90° で水面に沿って進むことになります。このときの角度を臨界角度といいます。さらに，それ以上の角度で出た光は屈折光として空中には出ず，すべて反射されてしまいます。これを全反射といいます。図 7.4 に示すように，水中にいる魚から臨界角度以上の範囲にいる人は見えないことになりますから，釣り人はそれを意識した立ち位置に身を潜める必要があります。

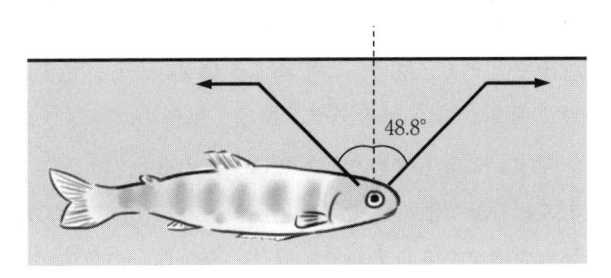

図 7.4　光の全反射

ま と め

　ものを見るには，そのものからの反射光あるいは透過光を見ることになります。それらの光の微妙な違いによって，経験から柔らかそうだとか重そうといった材質感や，暖かそうだ冷たそうだとかといった性質まで感じとることができます。このように感じとったことは脳で考えた認識の結果ですから，光や色そのものが持つ物理的性質ではありません。

7.2 魚の色, 昆虫の色, 鳥の色

◻ 生物が表現する色

　遡上してくる時期のサケを見ると,婚姻色といわれる赤色が表面に現れています。また,カメレオンのように時期に関係なく周囲に合わせて体の色を変えることができるものもいます。また,鳥の羽の色やアワビ貝の裏側の色のように,いつも虹色に輝いているものがあります。どのような仕組みで体表面の色が変わるのか,また,どのように発色させているのかみていきましょう。

◻ 色を決める細胞

　生物の体色は体表に存在する色素細胞によって決まります。色素細胞はアメーバのような不定形の細胞で,動物の場合には収縮・拡張という運動が行えます。色素細胞は体表の基底層にあり,$1\,mm^2$当り1 000個ぐらい分布しています。この細胞内で,アミノ酸の一つであるチロシンから,色素のメラニンが生合成されます。ヒトにみられるメラニンは,黒色のユーメラニンと黄色のフェオメラニンです。ヒトも含めた哺乳類は,この2色のメラニンとメラニンを含まない白との組合せで肌の色や髪の色が決まります。植物の場合には,色素体といって細胞質内にある色素粒で葉緑体,有色体,白色体があります。

◻ 生物のカラフルな色

　無脊椎動物,魚類,両生類,爬虫類等が持つ色素細胞を,哺乳類等の定温脊椎動物のものと区別して色素胞と呼びます。光吸収性の色素胞は黒・赤・黄色胞の3種類あり,これで体色が決まります。それぞれの色素は,黒がメラニン,赤と黄は餌由来でカロテノイドとプテリジンです。例えば,キンギョやアカハライモリなどの赤色はカロテノイドによるものです。

　モツゴという魚は産卵期になると,図7.5に示すように黒色素胞による分岐した黒い突起が鱗に出てきます。黒色素胞では,色素顆粒が細胞中心部に凝

集しているものと擬足に分散しているものがあります。色が占める面積が減少すると色調が薄れ，逆に占める面積が増えるとその色調が強調されます。

また，カメレオンの体表の色が変わるのは黒色だけではなく，赤色や黄色などの色素胞の収縮膨張が組み合わ

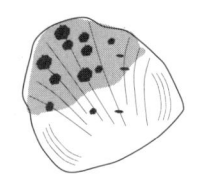

（a）モツゴの鱗　　（b）黒色素胞

図 7.5　産卵期のモツゴの変色

さっていろいろな色を表現しています。カメレオンの色素胞を模して三原色のインクの量を調整してロート状容器に注入する装置を作り，図 7.6 に示すようにいろいろな色を作ってみました。色の占める面積割合の組み合わせでいろいろな色に見せることができます。

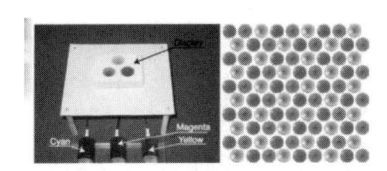

図 7.6　カメレオンに模した三原色装置

□ 虹色にみえる生物

熱帯魚のネオンテトラやアワビ貝の裏側にみられるの虹色と，シャボン玉の表面や水面に広がった油膜の虹色は，いずれも図 7.7 に示すように薄膜表面からの反射光と薄膜内面からの反射光との干渉によって生じるものです。したがって，ネオンテトラの体色やシャボン玉の膜そのものに色がついているので

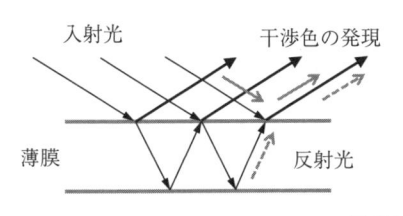

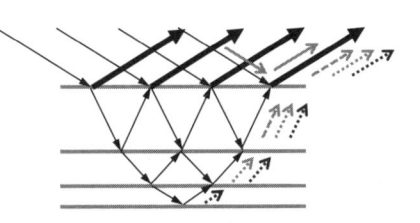

図 7.7　薄膜干渉

7.2　魚の色，昆虫の色，鳥の色

はなく，あくまでも光の干渉の結果生じる色なのです。

　光を反射する膜が何層か重なると，一層の薄膜に比べて複雑な干渉が起こります。これが虹色素胞の小板堆でも起こります。このような発色がみられるのは，図7.8に示したネオンテトラの虹色では特定の色の光が反射されている結果，また太刀魚やサンマなど銀色に光って見えるのは可視光がすべて反射されている結果です。

ネオンテトラ　　　　ハエ　　　　　　コガネムシ　　　　　タチウオ

図7.8　生物の虹色，銀色

　薄膜が多層で重なっていると場所によっていろいろな色の分布がみられます。いろいろな光を反射させることで周囲がどのようであっても自動的に同化するよういろいろな色を反射させているものと考えられます。

☐ モルフォチョウの輝き

　同じ虹色でもモルフォチョウというチョウにみられる虹色は，薄膜の反射干渉による構造色ではなく，図7.9に示すように，光の回折によって生じているものです。ある波長の光がその波長の数倍程度のスリットを通るとき，出口で広がります。このスリットが等間隔に並んでいる場合，隣り合うスリットから出てきた回折光が，光路差により干渉します。スリットの後ろにスクリーンを置くとスリットから平行に引いた線近くから紫→青→緑→黄→赤のように光が分光されます。

　モルフォチョウの鱗粉（多層膜反射干渉ともいわれる），CD盤の虹色等，細かい溝状構造で可視光に分光された色がみえます。

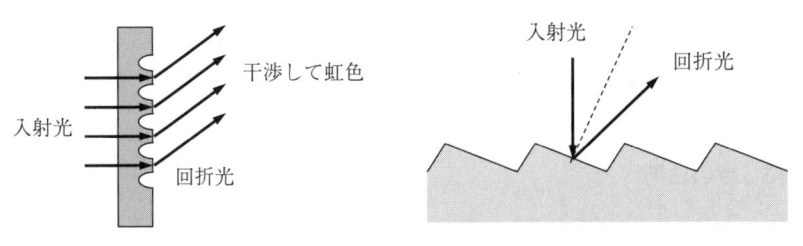

図 7.9 回折による虹色

☐ 模様の意味

　前述したように人間の皮膚の色は黒・白・黄色と黒色胞の皮膚近くの分布で決まるようですが，保有しているメラニン細胞（メラノサイト）の数は人種間ではほとんど変わらないようです。したがって，肌の色の違いは環境における紫外線量の違いで活性化されるその数に依存します。つまり，同じ環境であれば異なる種の鳥や虫が同じような模様や色になってもおかしくないわけです。似た模様の虫がほかの生物をまねたのではなく，もともと同じだったと思えば，似せたというものすごいことをしたと考えなくてもよいことになります。意志を働かせず，環境の物理的刺激によって模様が決まるといえます。では，なぜその模様なのか？　人間が模様になんらかの意味を持たせようと考えるだけで，鳥や虫たちが示しているものとは違うかもしれません。環境に対してどの様な意味を持つのかということから考える必要があります。木にとまった虫が木肌の模様と似るのは，生活環境である光刺激や情報が同じからなのかもしれません。

まとめ

　虹色のようにいろいろな色を発するメカニズムは，薄膜や微細構造による光自身の干渉によるものです。複雑な仕組みを考えるのではなく，仕組みがシンプルなほど複雑なことができるということを自然は示しています。表面の微細構造の加工方法を開発することで不思議な色を出せるかもしれません。

7.2　魚の色，昆虫の色，鳥の色

7.3 美しい形の秘密

❒ 美しさの法則

　美しさは，色だけではなく，形の中にも見出すことができます。絵画や工芸品の中で美しいと思うものには，じつは自然界の法則が隠れていることがあります。それは昔から考えられており，たどり着いたのは黄金比という比率でした。ボッティチェリのヴィーナス，ダ・ヴィンチのモナリザのような絵画やパルテノン神殿等，人間が作ったもので美しいといわれているものには，そのどこかに黄金比が潜んでいることが多いです。黄金比は単なる比率にとどまりません。黄金比が持つ不思議な魅力についてみていきましょう。

❒ 美しいものを見分けるには

　美しいためには他には見られない秘められた不思議さがあることや，希少であるといったこと，高い技術が使われていることが必要です。例えば，フィボナッチ数列という数字の並びが美しいとされるのは，それに多くの不思議さが秘められているからです。しかし，その不思議さを理解できなければ，その数列が美しいと評価できません。つまり，美しさがわかるためには引き出しを沢山持っていることが必要で，そのための学習と経験を積み，さまざまなものを比較し，評価する能力を養うことが重要となります。後にその数列が持つ美しさの秘密について解説します。

❒ 自然の形

　自然を感じる形は美しいと感じます。それはなんらかの形で多くの人の体験にかかわるものだからです。また，それをつくった自然の力に畏敬の念を持つので，人が自然を感じる形をつくると，その人の技術力が価値としてついてくるからです。数列や数式も自然を感じるものは美しいですし，図形に現れる自然の比率（黄金比）は美しいとされています。したがって，これらをとり入れ

たデザインや絵画も美しく感じることが多いです。

　工学製品には機能美という褒め言葉があります。機能を果たすための技術という付加価値がついているので美しいのです。空気抵抗を小さく抑えた車の形は，空気の流れに沿った流線形となり，自然なものに感じるので美しいと評するのです。

□ 黄　金　比

　黄金比を持つ四角形 ABCD を**図 7.10** に示します。作り方は，一辺の長さ a の正方形 AFED の辺 AF 上の二分点 G から，頂点 E に引いた線分 GE をまず描きます。つづいて，その線分を半径に持つ点 G を中心にした円を描きます。それが AF の延長線上と交わった点を B とし，最後に線分 AB を底辺として，高さ a の長方形 ABCD を描いてできあがります。

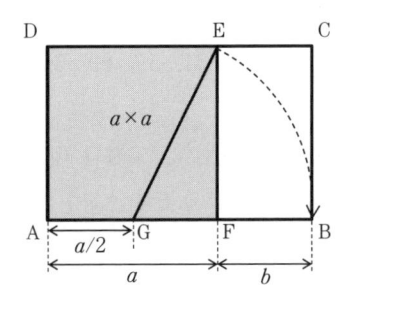

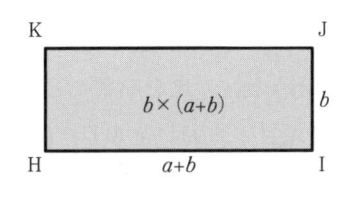

図 7.10　黄金比を持つ矩形

　この底辺と高さの比が AB：AD $= (1+\sqrt{5})/2 : 1$ となっており，この比が黄金比 $\phi = (1+\sqrt{5})/2 = 1.618\cdots$ です。もともと，線分 AB を $a:b$ に分割して a を一辺とする正方形の面積 a^2 と，辺の長さが b と $a+b$ の長方形の面積 $b(a+b)$ が等しくなるような分割を求めることから導かれました。それを式で書くと $a^2 = b(a+b)$ ですから，右辺を左辺に移項し，全体を b で割って整理すると，$(a/b)^2 - a/b - 1 = 0$ となります。このとき比 (a/b) を ϕ と書いて式をもう一度書き直すと

7.3　美しい形の秘密

$$\phi^2 - \phi - 1 = 0 \qquad (7.2)$$

となります。この二次方程式の根は，$\{-(-1) \pm \sqrt{(-1)^2 - 4 \times 1 \times (-1)}\}/2 = (1 \pm \sqrt{5})/2$ となり，正の値だけを採用すると，黄金比 ϕ が得られます。

　黄金比を持つ長方形の内部に短辺を一辺とする正方形を描くと，残りの長方形は元の長方形と同じ辺の比を持っています。形が同じで大きさが異なる図形を相似形と呼んでいます。同じ操作を残りの長方形に施すと，また小さな相似な長方形が描け，この操作を繰り返すことができます。このような性質を自己相似性といいます。また，残りの部分をノーモンといいます。

☐ フィボナッチ数列

　フィボナッチ数列は 0，1 から始まって，前の二つの項を足して作っていく数列です。したがって，第 3 項は 0+1 ですから，1 となります。第 4 項は 1+1=2，第 5 項は 1+2=3，第 6 項は 2+3=5 というようになります。それらの数字を並べてみると，0，1，1，2，3，5，8，13，21，34，55，89，144，… となります。

　隣り合う数字の比を順番にとってみましょう。つまり，3 項目/2 項目，4 項目/3 項目，5 項目/4 項目，6 項目/5 項目，…というように示します。そうすると，1.000，2.000，1.500，1.667，1.600，1.625，1.615，1.619，1.618，…と変化します。10 項目/9 項目で，55/34=1.628 という黄金比が出てきます。それ以降どんどん黄金比の値 ϕ に収束していくことがわかります。すなわち，フィボナッチ数列の大きな項（10 項以上）において，ϕ を比とする等比級数になっているといえ，フィボナッチ数列には黄金比が隠されているといえます。これは数列の初期値である 0，1 がどのような数であろうと成り立ちます。

☐ オイラー数 e と黄金比，フィボナッチ数列

　自然界における変化はよく自然対数的に変化します。この自然対数の底に用いられる e というのはオイラー数（ネイピア数）といい，$e = 2.71828\cdots$ の値を持っています。数学ではよく使われ，これによっていろいろなことをすっき

りと「美しく」説明することができるようになります。もともと複利計算の極限を求めるのに次式からこの値が得られました．

$$e = \lim_{n \to \infty} \left(1 + \frac{1}{n}\right)^n \tag{7.3}$$

ここに現れる $1+1/n$ という形は図 7.10 の黄金比を得る際に現れます．黄金比はもともと線分 AB をその線分上にある点 F で分割するときつぎの関係を満たすようにするにはどうすればよいかという問題から発したものです．つまり，$\overline{AB}/\overline{FB} = \overline{FB}/\overline{AF}$（です．これを図 7.10 に示す線分の長さ a, b で表し，$b/a = x$ で書き表すと，$x = 1 + \dfrac{1}{x}$ となります．これは $x^2 - x - 1 = 0$ と書けますので，根の公式から上記条件を満たす値は $x = (1 \pm \sqrt{5})/2 \approx 1.618\cdots = \phi$ という黄金分割の比となるのです．

前述の $x_{n+1} = x_n + x_{n-1}$ という関係において，初期条件 $x_0 = 0$, $x_1 = 1$ とすると，x_2, x_3, … はフィボナッチ数列になります．さて，c を定数として x_n を $x_n = c\phi^n$ のように書いてみましょう．これは比が ϕ の等比数列を表します．したがって，$x_{n-1} = c\phi^{n-1}$ および $x_{n+1} = c\phi^{n+1}$ と書けますから，$x_{n+1} = x_n + x_{n-1}$ は $c\phi^{n+1} = c\phi^n + c\phi^{n-1}$ のように表せます．これより $\phi = (1 \pm \sqrt{5})/2$ と二つの解が求められます．したがって，フィボナッチ数列の一般項は

$$x_n = \frac{1}{\sqrt{5}} \left\{ \left(\frac{1+\sqrt{5}}{2}\right)^n - \left(\frac{1-\sqrt{5}}{2}\right)^n \right\} \tag{7.4}$$

と黄金比で表現できることがわかります．

まとめ

美しさの中に黄金比が潜んでいることがわかりました．黄金比は自然に現れる比率で，人が積極的にそれを使うと人はそれを見出し，美しいと評価してくれます．数学という一見無機質にみえるものの中でも黄金比が見え隠れするフィボナッチ数列は美しいとか神聖な意味があるのではないかなどと考えられます．星形にも各部分に黄金比がみられるので，ピタゴラスはシンボルとして使いました．

7.4　美しくみえる化粧

◻ 自分表現の化粧

　なにかを身につけて自分を表現することをおしゃれというならば，虫除けや日焼け止めのためになにかを塗ったり着たりすることは，自分表現とはいえないのでおしゃれではありません。どうすれば自分の美しさを化粧で表現できるかを考えていきましょう。

◻ 別のものになる

　化粧が時代によって表現や用途が違っているのは当然ですが，基本的には自分が別のものになるということです。はじめは狩りに行くのにその場の自然にとけ込むよう色を塗る，自分を強く見せる，鼓舞するために装飾するということだったかもしれません。

　仮面をかぶったり，鳥の羽をつけたりするのも，別のものになるための手段だったと思われます。じつは，筆者も着ぐるみをかぶったことがあり，その瞬間にその着ぐるみになりきれた経験があります。役者は化粧をしたり，仮面をかぶったりすることでその設定人物になりきれるのです。服を着ることも，化粧や着ぐるみ，仮面をかぶることに通じるものだと思われます。したがって，人間の生活とともにこれらが自然発生的に出てきたものであると考えられます。時代によっては，権力や富みを表す手段の一つとして化粧があったのかもしれません。

◻ 自身を飾りつける

　サッカーの試合を観戦する人たちの顔に国旗が描かれているのをみたことがあるでしょう。フェイスペインティングをすることで，チームのサポーターとしての自分の意識を高めるとともに，他人に同じ仲間であることを示して，連帯感という喜びが得られます。また，非日常的ないつもと違う「ワクワク」

「ドキドキ」といった高揚感が得られ，その楽しみや喜びを他人と共有することで，場全体が楽しい雰囲気となります。このため，お祭りやパーティなどの非日常性の高い場面では，ペインティングやお面，仮面が用いられます。

　能楽では，能面をつけた演者の個性は隠れ，能面の持つ固有の性格が表に出てきます。歌舞伎の隈取（くまどり）は，仏像が持つ誇張された筋肉表現を参考として描かれるようになったものです。京劇という中国古典劇でも，隈取に似た臉譜（れんぷ）と呼ばれる化粧があり，孫悟空の猿などの動物が表現されています。また，化粧とは異なりますが，着ぐるみを着ることでそのキャラクターそのものに近づくこともできます。いずれにしても図7.11に示すお面，仮面，ペイントは役になりきるための手段となります。

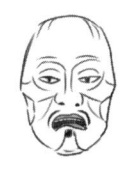

図7.11　お面，仮面

　仮面舞踏会（マスカレード）やヴェネツィアのカーニバルでは仮面が活躍します。誰かわからないといったゲーム性もありますが，普段の自分を隠すことによって大いに非日常性を楽しむという自分のためでもあります。現代ではファッショングラスと称されるメガネ，サングラスが仮面に相当します。

❏ 化粧の意味

　仮面やファッショングラスからもわかるように，目元部分が違うと通常の自分ではなくなります。図7.12に示すようにアイメイクを変えることで，印象が違ってきます。また，口紅によって口元の印象も変わります。

　日本では古墳時代に男性が魔除けのために顔や体を赤く塗っていました。平安時代の貴族文化では，男性も女性も眉を抜いて顔を白く塗り，眉墨を使って眉を描いていました。顔を広く見せ，格調と威厳をアピールするものだったと

いわれています。また，戦国時代の武将に，白塗り，紅さし，お歯黒，髪型にこだわる化粧をしている者もおり，化粧をすることが男の美学とされていました。明治時代になると男らしさの見方が変わり，男性の化粧は終わりと

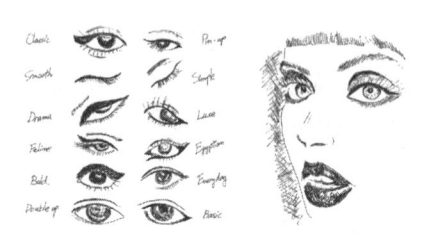

図7.12　アイメイクと口紅の効果

なりました。2015年現在では，知的にみえるとか，誠実そうにみえるとか，清潔感があるといった「見た目重視」の風潮から，身だしなみを気遣う男性が増えています。結局，歴史的に魔除けであったものが，自分を表現するための身だしなみを整えるものに変わってきました。

🞑 美しい配置

　見た目が美しいものの一つに，前節でもとりあげた自然の比率，黄金比があります。目，眉毛，鼻，耳等の配置が，黄金比である1:1.618という比率をとっているものが美しいとみなされ，バランスのよい自然な配置として多くの人に受け入れられることになります。なお，この比は0.618:1とも約5:8とも書きます。

　図7.13に示すように，髪の生え際から顎先までの長さを3等分にします。生え際から1/3のところに眉毛，さらに1/3のところに鼻の下があると，1:2/3=1:0.667という黄金比に近い比率となります。また，目頭から目尻までの長さと左の目尻から右の目尻までの長さの比が1:3であれば，これもまた黄金比に近い比率となります。この場合，目頭と目頭の間隔が目の長さと同じということになります。「両目尻と唇の中央」と「唇の中央と下顎」を結んでできた三角形の比率が，黄金

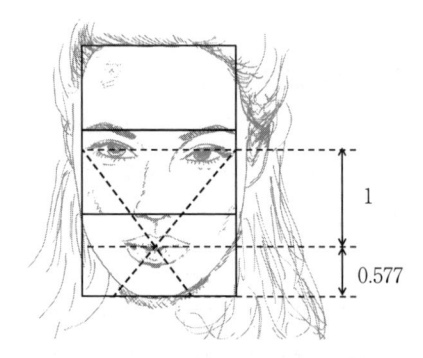

図7.13　美人顔に見られる白金比

比の1：0.618に近いとバランスがよいとされています．黄金比より少し小さめの白金比（1：0.577）をとる顔に美人が多く，これよりさらに小さい白銀比（1：0.414）に近いと，日本では人気の可愛い顔になります．

このほかに，目において黒目と白目の大きさの比，目の高さと長さの比，小鼻の幅と鼻の長さの比，上唇の厚さと下唇の厚さの比，口の高さと幅の比等，探してこじつければ近い比はみつかります．

☐ 化粧で近づける

元の顔全体や目鼻の比率がたとえ黄金比になっていなくても，化粧をすることで近づけることができます．例えば，眉を引くときに，図7.13に示すように，唇の中央から小鼻に向けて引いた線上に眉尻と目尻があると，バランスよくみえます．また，目頭と眉頭は小鼻から垂直に引いた線上にあるとよいとされています．つまり，小鼻の幅と目頭の間隔および眉頭の間隔が同じであるとよいということです．

これでアイラインや眉を引くときの長さはわかりましたが，太さや色，どのような曲線で引けばよいか等はどうすればよいのでしょうか．太めで濃い色を使い直線的に引けばきりっとした印象となります．逆に細めで薄めの色で曲線的であれば優しい柔らかな印象となります．そのときの気分で使い分けるのもよいでしょう．眉だけでも印象は相当変わります．手っ取り早くできる自分表現ですから，眉の引き方を工夫することをお勧めします．自分表現とはいえ，いろいろ試して人に印象を聞いてみるのが表現力をつける早道です．

ま と め

自然にみられる比率を意識することで，美しいと思われやすい化粧をすることができます．不自然という言葉が示すように，自然な関係を崩すと，やはり人に感動を与えることができなくなります．黄金比を意識して，さらに柔らかい曲線や，実直な直線といった形に対する人びとの共通認識を利用して，TPOに合わせた気持ちを表す化粧を心がけることが大事です．

7.5 求愛ダンス

◻ リズムによる表現

　フウチョウと呼ばれる鳥の求愛ダンスは，人間からすると滑稽で，とても求愛のようには見えません。フウチョウの雌鳥がみれば魅力的な求愛にみえるのでしょうが，別の種の鳥にはそうみえていないかもしれません。もし，魅力的にみえているとしたら，ほかの種の鳥と交配することになってしまいます。これはなにによって区別されているのでしょうか。もちろん，見た目の色彩や模様は違いの一つですが，ここでは視覚以外のリズムから考えてみましょう。

◻ テンポとリズム

　例えば指をパチンと鳴らします。このパチンと鳴らす1回の動作を1ビート（拍）といい，ビート間の時間の長さを表すものをテンポといいます。ビートが1分間で何回あるかを bpm（beats per minute）という単位で表します。例えば1分間に30回鳴らすと 30 bpm と表されます。メトロノームを使った表現では，1分間のビートの数で M.M.＝30 のように表記します。したがって，M.M. と bpm は同じ意味となり，いずれもテンポを表します。

　リズムというのはビートを繰り返す一連のまとまった動作のことです。例えば，（ドン，タッ，タッ）（ドン，タッ，タッ）（ドン，タッ，タッ）と繰り返される動作の（ドン，タッ，タッ）がリズムです。このリズムは三つのビートで構成されるので3拍子といいます。ドンとタッの間，また，タッとタッの間の時間がテンポとなります。

　これとは別のリズムを考えてみましょう。「体を傾けて手拍子パン」を一連の動作とすればそれがリズムとなり，体を右に傾けてパン，左に傾けてパンと左右に繰り返せば2回リズムを刻んだことになります。これとは別のとらえかたをすれば，左右の動作をまとめて一つのリズムとも考えられます。この場合は二つの動作で1回のリズムを刻んだことになります。

❏ 揺れるダンス

ジャズやR&Bなどで，曲に合わせてリズムをとり，揺れるようにダンスをすることを考えてみましょう。その揺れを図7.14のように，吊り下げられた円柱の揺れに置き換えます。重心は長さの半分のところにあるとします。

振幅が小さい場合の揺れる周期Tは次式のように求められます。

$$T = 2\pi \sqrt{\frac{I}{mgL}} \quad (7.5)$$

さらに，図のように吊り下げられた円柱の慣性モーメントIは次式で与えられます。

$$I = \frac{1}{4} m \left(\frac{D^2}{4} + \frac{(2L)^2}{3} \right) + mL^2 \quad (7.6)$$

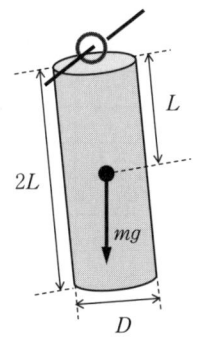

図7.14 揺れるダンス

例えば，体重60 kgfの人の重心が頭の先から$L=0.8$ mのところにあり，胴回り寸法から人を直径$D=0.25$ mの円柱として考えてみましょう。これらの値から，慣性モーメントは$I=51$ kg·m^{2}であり，振幅が小さい場合の揺れる周期は$T=2$秒と求まります。つまり，2秒で1周期ということは，右に揺れるのに1秒，左に揺れるのに1秒という調子です。

1周期，つまり右＋左で1ビートとすると，1分間では1 beat/2 sec × 60 sec/min = 30 bpmとなります。もし，右に揺れて1ビート，左に揺れて1ビートというようなリズムの取り方をすれば，2 beats/2 sec × 60 sec/min = 60 bpmとなります。ゆっくりと歩くようなテンポです。これを表7.1に示すおもな速度標語とその目安となるテンポでいうと，ちょうどアダージョくらいの速さのテンポがマッチします。表7.2に示すダンスとテンポでいえば，1小節で1周期の揺れを表現すると30小節／分のスローフォックストロットに相当します。1小節4拍子だと120 bpmのテンポの曲がマッチします。1周期2ビートとすると240 bpmの速いテンポの曲でゆっくりと揺れるのも心地よいかもしれません。

表7.1 曲のテンポ

速度標語	意味	テンポ〔♩〕
ラルゴ	幅広く	40～50
レント	ゆるやかに	50～56
アダージョ	ゆっくりと	56～63
アンダンテ	歩くような速さで	63～76
モデラート	控えめな速さで	76～96
アレグレット	やや快速に	96～120
アレグロ	快速に	120～152
ヴィヴァーチェ	活発に	152～176
プレスト	急いだ速さで	176～192
プレスティッシモ	きわめて速く	192～208

表7.2 ダンスとテンポ

曲目	1分当りの小節数	テンポ〔♩〕
スローフォックストロット	28～30	112～120
クイックステップ	50～52	200～208
ワルツ	28～30	84～90
ヴィーニーズワルツ	58～60	174～180
ジャイブ	42～44	168～176
タンゴ	31～33	124～132
ルンバ	25～27	100～108
チャチャチャ	30～32	120～128
サンバ	50～52	200～208
パソドブレ	60～62	240～248

❑ 飛び跳ねるダンス

音楽のリズムのとり方として，揺れるほかに飛び跳ねて表現することもあります。飛び跳ねるダンスを図7.15に示すように重心の上下運動だとみなしましょう。波形の谷から谷（または山から山）までの時間 T を1周期と呼びます。

飛び跳ねる動作は物を初速 v_0 で投げ上げることと同じになるため，$y = -(1/2)gt^2 + v_0 t$ と表されます。この場合，谷となるのは $y=0$ のときなので，そのときの時間 t を求めると，二つの解

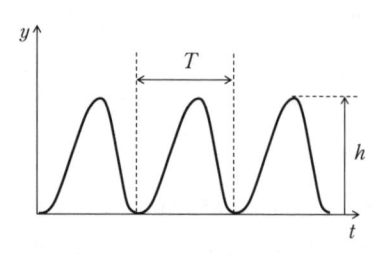

図7.15 飛び跳ねるダンス

として $t=0$（飛び跳ねる前）と $t=2v_0/g$（着地）が求められます。周期 T はこれらの差ですから，$T=2v_0/g$ となります。また，高さが最頂点 h に達したとき $v=0$ となるので，このときの時間は $t=v_0/g$ です。逆に，最頂点は $h=v_0^2/(2g)$ と表されます。

ユーロビートの200 bpmの曲で2拍子で1回ジャンプすると，1周期 $T=0.6$ s より初速 $v_0=2.9$ m/s，最頂点 $h=0.44$ m となります。これはちょうど

マサイ族の踊りのジャンプの高さに相当します。ビートごとにジャンプするとすれば，1周期 $T=0.3$ s より初速 $v_0=1.5$ m/s，最頂点 $h=0.11$ m となり，現実的には 11 cm 飛び跳ねればこのテンポに乗って踊ることができます。マイケルジャクソンの『beat it』は約 140 bpm，EXILE の『NEW HORIZON』は 134 bpm で，1拍子に1回ステップしています。そうすると両曲とも体の上下運動で重心が約 0.23 m 移動するようなダンスとなっています。

❑ 雄鳥の涙ぐましい努力

図 7.16 にダンスをしているフウチョウの様子を示します。フウチョウのダンスは1周期 $T=0.4$ s ですから，150 bpm のテンポです。コキンチョウのジャンプは 200 bpm のテンポ，タンチョウは 75 bpm，ダチョウは羽を広げて首を左右に1周期 $T=1.3$ s で振り，そのテンポは 46 bpm，もしくは片側で1ビートとすれば 92 bpm となります。体が大きくなるとダンスのテンポは遅くなります。

図 7.16　フウチョウ

人間におけるテンポのよいセクシーなダンスといわれているものは，ビヨンセの曲で 130 bpm（$T=0.46$ s），ガガの曲で 150 bpm（$T=0.40$ s），マドンナの曲で 160 bpm（$T=0.38$ s）となります。インドのダンス曲も 160 bpm（$T=0.38$ s）のテンポです。盆踊りの曲のテンポは，東京音頭が 116 bpm（$T=0.52$ s），北海盆唄が 90 bpm（$T=0.67$ s），八木節が 128 bpm（$T=0.47$ s）です。だいたい2拍子で1回の動作を行うので，盆踊りはだいたい 0.9〜1 s のテンポで，歩くよりちょっとゆっくりとした動作です。

ま と め

感覚でリズムをとってダンスをしていると思っていますが，じつは体と共鳴する心地良いリズムは，物理的に決まってしまいます。リズムに合わせて指や腕，足を動かしたり，体全体を揺らしたりということがダンスです。皆が共振し合えばさらに連帯感が生まれ，喜びを共有できることになります。

8 これまでとこれから

◆素材：恐竜，隕石，壁登り，天気予報，現在，過去，未来
◆道具：ベクトル，微分，エネルギー，仕事，運動方程式，釣合い

☐ 未来を生きるために

　数億年後に地球はどうなっているのでしょう。例えば，水浸しとなった世界，砂漠の世界，森林の世界，木星のようにガスだけで地上のない世界といったような環境で，人類がどのように生き延び，環境に順応しつつさらに発展していけるのか考えておきましょう。このために，未来の予測をどのように行っているのかについて考えていきます。通常，予測には過去のデータを使うため，それまでのデータの蓄積が重要です。ただし，ここでは連続したデータではなく，例えば1年ごとや1か月ごとといったように，飛び飛びのデータから未来を予測する方法を例に考えます。

　過去の事例に学ぶことは大切なことです。恐竜絶滅説の一つに隕石衝突があります。本当にそうなのか，あるいは別に原因があるのではないかということを考えるために，モデルを立てて物理学で試算してみるという姿勢が重要です。本章ではどのくらいの隕石が衝突したのかを試算してみます。また，なぜ恐竜は巨大でいられたのかを力学の視点から考えてみます。一つひとつの事例を自分で納得するためにも，知っている物理で確認することが重要です。

☐ 工学は愛である

　人類が生きようとする望みを「愛」と呼んでいます。愛を与えることが工学でなすべきことです。では，どのようなことが愛となるのでしょうか？　これを考え実行することが，大きくいえば人類の営みです。

　人類はなにを求めて日々生きているのでしょう？　人類の幸せとはなんで

しょう？　いきなり重いテーマですね。これを考えるために，例えば「恐竜たちのように2億年間地球上で繁栄すること」のように，大きくて具体的な目標を決め，これに向かってひとまず進んでみましょう。そのためになにをすべきか，進むべき方向はどちらなのか，どのように選定していけばよいのかということを，物理や数学という道具を使って考えていくやり方を身につけていきましょう。

　3万年前には人類は洞窟に動物や人物を描いてたことから，人類はその時点では文明を持っていたということができます。恐竜と同じく2億年繁栄しつづけるためには，残り1億9 997万年のあいだ，人類をどのように存続させればいいのでしょう。恐竜のサバイバル術は伝承されていませんが，彼らの絶滅を考えることでなんらかのヒントを得られるかもしれません。また，地球環境がどのように変化するか，その予測方法を解説します。予測した結果の環境で恐竜のように大きくならざるを得ないかもしれません。そのように大きくなっても，いまのように活動できるように考えておく必要があります。また，現状から這い上がる方法も考えておきましょう。

　本章ではいかに人類が生き延びられるようにするのかを考えます。

8.1　**ティラノサウルスは立って歩けたのか？**　　重力というしばりの中で，いかに立っていられるのかという力のバランスから，巨大生物の行動様式を考えます。

8.2　**絶滅に追いやるエネルギー，現状から這い上がるエネルギー**　　恐竜を絶滅に追いやったとされる隕石の大きさを，モデルを立てて見積もります。また，現状から這い上がることを山登りに見立てて考えます。

8.3　**未来を予測する—繁栄か絶滅か—**　　未来を予測するうえで考えるべきことはなにか。また，安定・不安定な状況からの変化と，それによって左右される未来について考えます。

8.4　**進む方向「未来予測」**　　人類の未来を予測する方法を，進む方向と速度の大きさを表す方法から考えます。

8.1 ティラノサウルスは立って歩けたのか？

◻ 火星人はタコのような脚？

　昔のSFでは，地球より重力の小さな火星には軟体動物のタコのような骨のない脚を持つ火星人が想像されていました（図8.1）。重力が小さいので体を支える脚は弱くても大丈夫という発想です。恐竜が存在した白亜紀の地球の重力や自転速度は現在と変わらないのに，恐竜のような巨大生物が立っていられたのはなぜでしょう。そもそもどのような姿勢で立っていたのか，物理的側面から考えていきましょう。

図8.1　昔の想像の火星人

◻ どのくらいの重さまで歩けるのか

　はじめに，二足で歩く人間は，どのくらいの大きさまで歩くことができるのかを考えてみましょう。例えば，身長1.7mで体重60kgfの人を考えましょう。このとき，1本の脚の筋力には体重の2倍を支えられる力があるとします。さて，もし体格が変わらず相似に成長して身長が2倍の3.4mになったら，体重は身長の増加の3乗に比例するので8倍の480kgfになります。筋力は身長の増加の2乗（筋肉の断面積）に比例するので4倍の480kgfを支えられることになります。この場合，体重と支える筋力とが釣り合い，ぎりぎりこの大きさの人間までなら活動できることになります。つまり，人間は身長3m程度までなら二足で歩くことができるということです。

　つづいて，恐竜で考えてみます。じつは，ティラノサウルス（ティラノと略す）の骨格構造は，カンガルーのものとよく似ているので，カンガルーを大きくしたときティラノのサイズになっても歩けるのかというように考えて，先程のように計算してみましょう。ティラノの身長は約13m，カンガルーは約1.3mですからおよそ10倍あります。これより，カンガルーの体重を85kgfとするとティラノの体重は10^3倍の85tonfとなります。カンガルーの筋力も

人間と同じく体重の2倍とすると170 kgfですから,ティラノの筋力は10^2倍の17 tonfとなります。つまり,体重が筋力を大幅に上回り,支えられないという結果になります。データによるとティラノの体重は6 tonfということですから,計算で得られた筋力で十分支えられたことになります。しかし,85 tonfの体重を6 tonfにするなんらかの工夫,例えば,鳥の骨格構造に似ていることから,鳥との対比でそのことを考える必要があるかもしれません。

❏ バランスを保つ

　恐竜はしっぽを地面につけずにバランスをとっていたとされています。両足で立っている恐竜を,図8.2のような単純な棒の両端に重りがついているものに置き換えて,そのバランスを考えてみましょう。支点から重さW_1とW_2の二つの重りまでの長さをそれぞれL_1およびL_2とします。重さW_1の重りは棒を支点周りに半時計方向の回転を,重さW_2の重りは棒を支点周りに時計方向の回転を与えます。もし,

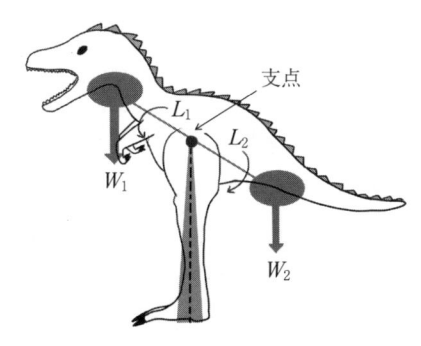

図8.2 恐竜のバランス

次式の関係があるとどちら方向にも回転しないで釣り合うことになります。

$$W_1 \times L_1 = W_2 \times L_2 \tag{8.1}$$

重心がそれより前にあると前のめりに倒れ,逆に後ろにあればのけぞるように倒れることになります。つまり,重心から垂直に引いた線が地面の足の上に来ていれば,倒れないで立っていられます。

❏ 背骨の変形

　恐竜の背骨の変形について,バランスをとっている棒をモデルに考えてみましょう。図8.2に示す支柱に乗ったものを上下逆さにして,図8.3（a）のように表します。図（a）で表される棒のことを「はり」といいます。はりの両端を固

8.1　ティラノサウルスは立って歩けたのか？

定せずに，支持点に乗せてあるだけのものを単純支持はりといいます。

長さLのはりの左端から測った距離L_1のところにWという力，この場合は重さがかかっています。支持点に乗っている部分には，重さがかかっている点と支持までの距離に応じた配分の力が反力として作用し，左右の支持点の反力は次式で表されます。

$$W_1 \times \frac{L_2}{L} W = W_2 \times \frac{L_1}{L} W \tag{8.2}$$

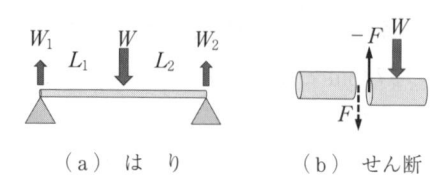

（a）はり　　　　（b）せん断

図8.3　恐竜の背骨の変形

この式から，重さがかかっている点に近いほうの反力が大きいことがわかります。

さて，このとき，図8.3（b）に示すように，はりを小さなブロックの連続として考えると，重さがかかった右ブロックの左面にかかっている力と同じ方向の力が，それに面した左ブロックの右面に平行に作用します。この平行に作用する力をせん断力Fと呼び，棒の内面にずれを起こす力となります。

このとき，左ブロックの支持点（棒の左先端の面）には，$-F$の力がむき出しでみえることになります。これが反力と同じ大きさで，上向きを負で表すので$-W_1 = -F$となり，左側の部分のせん断力は$F = W_1$と表せます。同様に棒の右先端の面にはFがむき出しとなり，反力と同じ大きさなので$F = -W_2$です。左右のせん断力の差は$W_1 - (-W_2) = W$であり，すなわち，その点に作用している重さがせん断力となります。一般に，はり部材はせん断力には弱いので，重いものを支えるためには，縦に使うほうが有効です。

☐ 脚にかかる力

支点には合計の重さ$W = W_1 + W_2$が面に垂直に作用します。したがって，支柱にはWの重さがかかっているので，棒の断面積Aで割ると単位面積当りの力（垂直応力）が次式のように求められます。

$$\sigma = W/A \quad [\text{N/m}^2 = \text{Pa}] \tag{8.3}$$

もし，支柱の許容垂直応力（耐えられる応力）がそれより大きければつぶれないことになります。

□ 脚の骨組み

図 8.4 に脚の骨が腰骨とどういう関係にあるのかを示します．恐竜は見た目からワニやトカゲと近いように思われますが，図（a）に示す這い回るような歩き方をするワニやトカゲのような骨組みではなく，図（b）のように骨盤に大腿骨がしっかりとはまり込んだ骨組みをしています．これは人間の脚の骨組み同様，二足歩行に適応した構造で，おもに垂直応力が作用します．

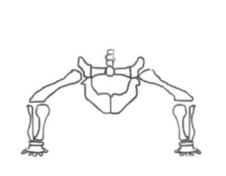

（a）ワニ，トカゲ　　（b）恐竜，哺乳類

図 8.4 脚の骨組み

図より重心が大腿骨の付け根にあるので，全体重がそこに載っています．ティラノの体重は約 6 t と推定されています．見つかった大腿骨の寸法は，長さが 1.7 m，直径が 0.3 m です．これらより，大腿骨に作用する圧縮応力は $6000\,\mathrm{kg} \times 9.8\,\mathrm{m\cdot s^{-2}}/\{(0.3\,\mathrm{m}/2)^2 \times \pi\} = 0.83 \times 10^6\,\mathrm{Pa}$ と計算できます．骨の許容最大圧縮応力が 200 MPa なので，この骨は十分体重に耐えられるということがわかります．

ま と め

骨という部材があるからこそ重い体を支えることができます．ただし，骨自体が重いと歩くために動かすことが難しくなります．そこで，骨の内部は繊維でできていて，それらが内部にかかる力の分布と同じとなるように配置されています．軽くて強い部材を作るうえで重要なことが自然ではすでに行われており，巨大な樹木の構造にも学ぶところは多いと考えられます．現存の動物から推定する恐竜の体重は重過ぎることから，体重を減らす体の構造がいまの動物たちと異なっていたと考えなければなりません．

8.1　ティラノサウルスは立って歩けたのか？

8.2 絶滅に追いやるエネルギー 現状から這い上がるエネルギー

❏ エネルギーと仕事

恐竜絶滅説の一つに隕石衝突による地球環境変化があげられます。どのくらいの大きさの隕石が衝突したのか，エネルギー変換の物理によって見積もってみましょう。また，人生において「困難を乗り越える」という表現は，物理的に壁をよじ登るイメージからきています。このような状況をエネルギーと仕事の関係から考えてみましょう。

❏ 恐竜を絶滅に追いやった隕石衝突

恐竜を含め，多くの種が6500万年前に絶滅した原因として，隕石衝突説があります。6550万年前の中生代白亜紀と新生代古第三紀の境目に相当する時代（K-P境界）に，いまのメキシコのユカタン半島の北西端チクシュブールの海に隕石が落ちて，直径 $D=200$ km，深さ $h_c=20$ km のクレーターを作ったとされています。

どのくらいの大きさの隕石がぶつかったのかを図 8.5 に示すようにモデルを立てて推定してみましょう。隕石を質量 m，直径 d の球形とします。体積 V は球の体積 $4\pi(d/2)^3/3$ から求められます。隕石が鉄（密度 $\rho=7.9\times10^3$ kg/m^3）でできていたとすると，質量は $m=\rho V=\rho\, 4\pi(d/2)^3/3$ と表されます。

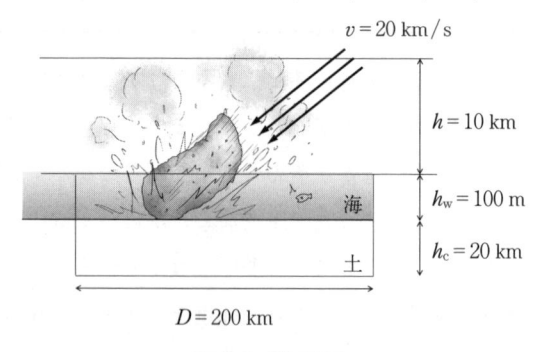

図 8.5 隕石衝突

これが隕石の平均的速度である速度 $v = 20\,\text{km/s}$（マッハ60）で飛んできたとします。当時のユカタン半島付近の海は浅い海だったとされ，海の深さを $100\,\text{m}$ とし，また，海水温は $10℃$ とします。クレーターの大きさから直径 $D = 200\,\text{km}$，深さ $h_\text{w} = 100\,\text{m}$ の円筒形内の水が，隕石衝突の運動エネルギーですべて蒸発する熱に変わり，さらに，深さ $h_\text{c} = 20\,\text{km}$ までの土を上空 $h = 10\,000\,\text{m}$ まで持ち上げたとします。ここから隕石の大きさを見積もっていきます。

まず，隕石の運動エネルギーは次式で表されます。

$$J_\text{m} = \frac{1}{2} mv^2 \tag{8.4}$$

この隕石の運動エネルギー J_m が，水の加熱 Q_h および蒸発 Q_v，土の持ち上げ J_c にすべて使われたとすると

$$J_\text{m} = Q_\text{h} + Q_\text{v} + J_\text{c} \tag{8.5}$$

の式で表すことができます。この式の右辺の要素を順番に考えていきます。

Q_h は質量 m_w の水が $10℃$ から $100℃$ に変化するのに必要な熱量です。水の比熱 $c = 4\,200\,\text{J/kg℃}$ を使って次式で表せます。

$$Q_\text{h} = m_\text{w} c \times 上昇温度\,(100℃ - 10℃) \tag{8.6}$$

水の質量 m_w は水の体積 $V_\text{w} = \pi (D/2)^2 \times h_\text{w}$ に，水の密度 ρ_w を掛けて得られるので，$m_\text{w} = \rho_\text{w} V_\text{w} = \rho_\text{w} \pi (D/2)^2 h_\text{w}$ です。

Q_v は $100℃$ に熱せられた水が $100℃$ の蒸気になるのに必要な熱量です。水が気体に変わるときに周りから奪う熱（気化潜熱）を $L_\text{v} = 2.26 \times 10^6\,\text{J/kg}$ とすると次式で表せます。

$$Q_\text{v} = m_\text{w} L_\text{v} \tag{8.7}$$

J_c はクレーター部分にもともとあった質量 m_c の土を，上空 h まで吹き飛ばすポテンシャルエネルギーで次式で表せます。

$$J_\text{c} = m_\text{c} g h \tag{8.8}$$

吹き飛ばす土の質量 m_c は，土がケイ素からなるとして密度 $\rho_\text{c} = 2\,300\,\text{kg/m}^3$ とし，かつ，クレーターが直径 D，深さ h_c の円筒形で，その体積を $V_\text{c} = \pi$

$(D/2)^2 \times h_c$ とすると，$m_c = \rho_c V_c = \rho_c \pi (D/2)^2 h_c$ です。

以上から，式(8.5)に式(8.4)および式(8.6)～式(8.8)を代入すると次式が得られます。

$$\frac{1}{2} \times \rho \frac{4\pi}{3}\left(\frac{d}{2}\right)^3 \times v^2$$

$$= \rho_w \pi \left(\frac{D}{2}\right)^2 h_w \times \{c \times (100-10) + L_v\} + \rho_c \pi \left(\frac{D}{2}\right)^2 h_c g h$$

これに与えた値を入れて隕石の直径 d を計算すると $d \fallingdotseq 6\,\mathrm{km}$ と求められます。

恐竜絶滅における隕石衝突説でいわれている隕石の大きさは直径約 $10\,\mathrm{km}$ なので，だいたいよい値といえます。JAXA のはやぶさが探査した小惑星イトカワは平均直径 $330\,\mathrm{m}$ ですから，それに比べれば相当大きな隕石となります。直径 $6\,\mathrm{km}$ くらいの小惑星にはファエトン，クルースといったものがありますので，小惑星規模のものがぶつかったと考えられます。

現状という壁を登る

谷底という安住の地にいる人が，その状況に満足できずに山の上まで登ることを考えてみましょう（図8.6）。山の高さは谷底から測って高さ h 〔m〕とします。人の質量を m 〔kg〕とすると，その体重は mg 〔N〕で表されます。ここで，g は重力加速度（$9.8\,\mathrm{m/s^2}$）です。この人が登るために出した力 F は体重分である $F = mg$ 〔N〕です。

物理において仕事 W は，ある大きさの力で，その力の方向にどのくらいの距離（高さ h）を動かしたかというものです。そのため，山を山頂まで登るときの仕事は mgh 〔J〕と表せます。例えば，体重 $60\,\mathrm{kgf}$ の人が，高さ $h = 1\,000\,\mathrm{m}$ の山を山頂まで登る仕事は，$60 \times 9.8 \times 1\,000 = 600 \times 10^3\,\mathrm{J}$（$600\,\mathrm{kJ}$）と求められます。山を人生にたちはだかる壁とすれば，その乗り越えなければならない壁が高ければ高いほどエネルギーが必要だということになります。

図8.6 壁を登る

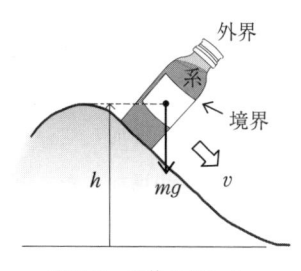

❒ 栄養ドリンクの使い方

栄養ドリンクを例に，エネルギーについて考えてみましょう（図8.7）。瓶1本100 mlで74 kcalの栄養ドリンクがあるとします。このエネルギーは，内容物の内部エネルギーを指しています。この栄養ドリンクが持っているエネルギーの使い方を考えます。

使用するエネルギーの種類に応じて，① ポテンシャルエネルギーを使う，② 運動エネルギーを使う，③ 内部エネルギーを使うの三つの方法が考えられます。

図8.7　栄養ドリンク

① は栄養ドリンクを滑車にぶら下げて，そのひもの反対側の端に自分をとりつけて持ち上げてもらうという使い方です。

② は栄養ドリンクが山の上から斜面を速度 v で落ちてくるとき，この系は位置エネルギー mgh と運動エネルギー $(1/2)mv^2$ を持っていることになります。エネルギー保存則から，位置エネルギーが少なくなった分，運動エネルギーが増えることになり，この運動エネルギーを使います。

③ は栄養ドリンクを飲んで，内容物の内部エネルギーを体内に取り込んで使います。普通はこの ③ の方法をとります。なお，体の内部エネルギーは仕事に変えることができますが，外部の環境との間に温度差が必要となります。外部に熱を放出して仕事をするため環境に影響します。これを最小限にするために仕事への変換効率を上げることを常々考えていなければなりません。

まとめ

恐竜を絶滅に追いやった原因として，小惑星規模の大きさの隕石が衝突した可能性をエネルギー変換から考えてみました。これによって衝突した隕石の大きさを物理的に見積もり，その可能性がおおいにあることを示せました。現状から這い上がる人間の行動も根性だけでなく，物理的側面から考えると限界を設定でき，その範囲で考えを修正していけます。

8.3 未来を予測する―繁栄か絶滅か―

□ 予測の難しさ

2014年の世界の人口は72億4 400万人で，2004年の63億7 200万人から8億7 200万人増加しています。この増加人数を単純に10年で割ると，1年間で8千万人ずつ増加したことになります。これを使うと2050年には101億2 400万人と計算できますが，年ごとに変化する増加率を考えると，2050年では94億人になると計算されています。予測はこのように単純ではありません。

□ 人口問題のモデル

人口が今後どのように変化するかを予測してみることにしましょう。変数の x を「人口」とすると，「人口の変化率は現在の人口に比例し，その比例定数は a である」と言葉で表した場合，これを式として次式のように表せます。

$$\frac{dx}{dt} = ax \tag{8.9}$$

これを以下のように解いてみましょう。

同じ変数同士を集めて（これを変数分離という）積分すると，$\int (1/x) dx = \int a\, dt$ ですから，積分定数を c_0 として $\ln x = at + c_0$ となります。右辺に $\ln e = 1$ を掛けて，あらためて係数を c ($= e^{c_0}$) と書いて x を求めると，$x = ce^{at}$ と表されます。ここで，$a = 1$, $t = 0$ のとき現在の人口 x_0 を表すために $c = x_0$ と書き改めると次式となります。

$$x = x_0 e^t \tag{8.10}$$

図8.8にこのグラフを示します。指数関数で爆発的に増加することを表しています。人間が入ることのできる器の大きさ（環境）が決まっているので，現実的にはそれを環境因子として考慮しなければなりません。

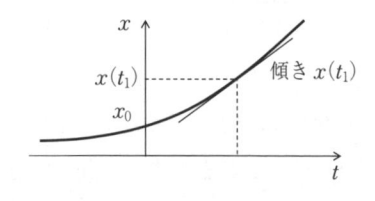

図8.8 指数関数的な増加

山頂か谷底か―安定・不安定―

「人生は山あり谷あり」という表現はメタファー（隠喩）です。生きていくうえで浮き沈みがあるということ，または楽しいときもあれば辛いときもあるということを意味しています。ほかにも，「栄枯盛衰」は栄えたり衰えたりを繰り返す人の世のはかなさをいっていますし，有名なところでは平家物語の冒頭にある「娑羅双樹の花の色，盛者必衰の理を顕す」があります。このように人の生き方を山や谷という高低に例えています。高低を表すものをポテンシャル f と呼びます。このポテンシャルの傾き（勾配）が運動を決めます。

図8.9に示すように，谷底のようにどちらかの方向に移動しても，自然と元に戻る状態を「安定」，山頂のように少しどちらかに動くと元には戻れず，頂上からどんどん離れていく状態を「不安定」といいます。また，漏斗のような穴が空いた窪みがあれば，どこから出発しようと窪みの底に向かって進み，最終的には底である安定な状態に落ち込みます。この窪みが底なしのいわゆるブラックホールだとすると，そこに落ち込んだ人類は再び戻ることはなく，絶滅することになります。

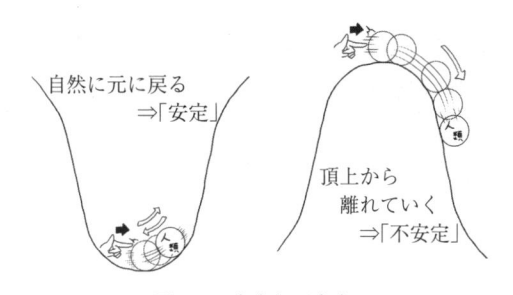

図8.9 安定と不安定

一事が万事―カオス―

これからどこかへ出かけようとするとき，なにを着てどの方向に一歩を踏み出すかといったようなことを初期条件といいます。直線的に進むとして，出だしの角度が1°違うと100 m先では1.7 m横にずれてしまいます。これは直線的に進むと仮定したのでそれだけずれるとわかりましたが，直線的ではないと

きには予想は難しくなります。

　地球の日本の裏側のブラジルでチョウが羽ばたくと，日本で台風が起こるといったことがまことしやかにいわれます。これをバタフライ効果と呼び，わずかな初期値の違いが未来を大きく変えることを指す表現です。自然にみられる変化は，あるものとあるものの相関を表すために，掛け算やべき乗で表されることになります。これを非線形（$y=x$のよう直線関係ではない）の関係といいます。このため，出発点（初期値）によっては予想もしなかった結果が現れることがあります。これがカオスというものです。

　大気の運動シミュレーションモデルを表すローレンツ方程式をつぎに示します。

$$\left. \begin{aligned} \frac{dx}{dt} &= a(y-x) \\ \frac{dy}{dt} &= bx - y - xz \\ \frac{dz}{dt} &= xy - cz \end{aligned} \right\} \quad (8.11)$$

定数であるa, b, cと，三つの変数x, y, zの常微分方程式ですが，xzとxyという変数同士の掛け算が入っているので，非線形となります。これを数値計算で時々刻々の変化を調べるために，短い時間間隔をΔtとして微分を差分形式で書いて整理するとつぎのように書けます。

$$x(t+\Delta t) = (1-a\Delta t)\, x(t) + a\Delta t\, y(t)$$
$$y(t+\Delta t) = (1-\Delta t)\, y(t) + \Delta t\{b - z(t)\}\, x(t)$$
$$z(t+\Delta t) = (1-c\Delta t)\, z(t) + \Delta t x(t)\, y(t)$$

これに初期値$x(0)=0.5$, $y(0)=0.5$, $z(0)=0.5$, 定数$a=10$, $b=28$, $c=8/3$, 短い時間間隔$\Delta t=0.01$を入れて，$\{x(0.01),\ y(0.01),\ z(0.01)\}$, $\{x(0.02),\ y(0.02),\ z(0.02)\}$, $\{x(0.03),\ y(0.03),\ z(0.03)\}$, …と順次計算していきます。

　こうして得られた解をx, y, z軸を持つ3次元空間にプロットすると**図8.10**

に示すような曲線が現れます。解の描く曲線は方程式の単純さからは想像できないものです。このようにカオスでは不規則に振動を続ける状態も現れることがあります。初期値や係数のわずかに違うだけでこの曲線はまったく違うものとなり，予測が難しいものとなります。

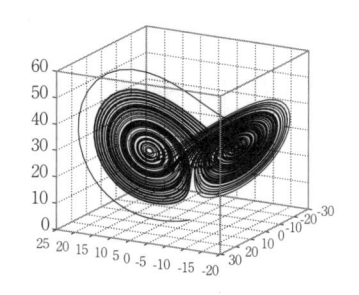

図 8.10 カオス

❏ 天気予報

非線形現象の未来予測は非常に難しいのです。天気予報もその一つです（**図 8.11**）。天気予報は過去のデータをもとに低気圧がどこへ動いて，雨はどうなるのかということを数値計算で求めています。このためにはグリッド状に配置されている観測機器から上がってくる現在の情報と過去のデータを使って，空気の非線形運動方程式を解いて天気図を描いています。

気象庁が発表している過去20年間の降水の有無の年平均適中率は，明日で83％，2日後

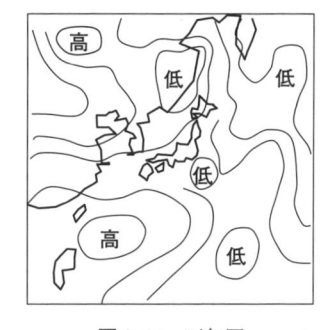

図 8.11 天気図

で79％，1週間後で66％となっています。1950年代では，明日で約72％の適中率だったので，いまはだいぶよくなったことがわかります。

ま と め

現在と近い過去を結ぶのは，2点が決まっているので直線でそれらを結んでもそう大きくかけ離れることはありません。しかし，未来に向かって直線を引くのは難しいので，この方法がいくつか提案されています。いろいろな現象が絡み合うときそれは非線形となります。このため予測はさらに難しくなりますが，非線形性の研究がもっと進めばよい予測方法ができるかもしれません。

8.3　未来を予測する―繁栄か絶滅か―

8.4 進む方向「未来予測」

◻ 過去から未来

図 8.12 に示すように，過去の上に成り立つ現在から，線形的に未来を予測してみましょう。これは，次式のように表すことができます。

$$\text{未来の事象} = \text{現在の事象} + \text{過去の事象} \tag{8.12}$$

さらに，事象を x で表し，現在の時間を t，未来の時間を $t+\Delta t$，過去の時間を $t-\Delta t$ で表すとします。ここで，Δt は短い時間を表します。短いのというのは，あるスケールに対する相対的な短さを意味しており，地球の歴史の時間スケールからいったら 1 年でも短いといえ，1 日では 1 時間，1 時間では 1 秒は短いといえます。そのような短い時間を Δt という記号で表します。以上より，式 (8.12) は次式のように表せます。

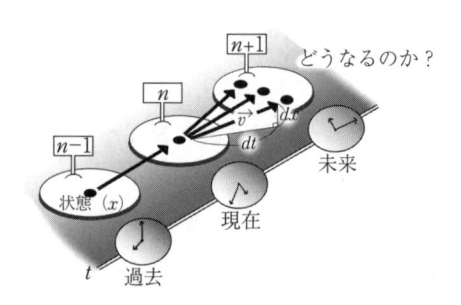

図 8.12 過去，現在，未来

$$x(t+\Delta t) = x(t) + x(t-\Delta t) \tag{8.13}$$

◻ とりあえずの比例予測

現在から未来への短い時間 Δt で変化する事象の変化率が，過去の事象に依存するとしましょう。すると，これは次式で表せます。

$$\frac{x(t+\Delta t) - x(t)}{\Delta t} = x(t-\Delta t) \tag{8.14}$$

式 (8.14) において，Δt をさらに短くしていったらどうなるかを考えましょう。これを $\Delta t \to 0$ の極限をとるといい，式 (8.14) は次式となります。

$$\lim_{\Delta t \to 0} \frac{x(t+\Delta t) - x(t)}{\Delta t} = \frac{dx}{dt} = \dot{x}(t) \tag{8.15}$$

つまり，事象 x の時間変化（微分）は，現在の事象に比例するということです。この場合の比例定数は1です。このように，わからないことの変化についてはとりあえず比例で考えるというのが常套手段です。いろいろなものに使えるように比例定数を a と書き，$x(t)$ を単に x として式（8.15）を書き改めると次式となります。

$$\frac{dx}{dt} = ax \tag{8.16}$$

変量 x が時間 t にだけ依存し，その一階微分が x の一次に比例（線形）するので，このような式を一階の線形常微分方程式といいます。なお，一次以外は非線形といいます。

式（8.15）は微分の定義そのものです。数値計算における微分計算方法の基本になっていて，現在と未来との差分なので前進差分近似と呼びます。このほかに後退差分は現在と過去の差分を，中心差分は過去と未来の差分でそれぞれ現在を表します。時間刻み Δt に対して，中心差分がよい精度で計算できます。中心差分の示唆することはあまり遠い過去を引きずることなく，せいぜい2世代前くらいまでの遺産を引き継ぐのが自然なことなのだということです。

◻ 離散的データからの予測

通常，時間そのものは連続的なものですが，式（8.13）に示したように，現在，過去，未来のある点における事象を考えることは，とびとびの離散的な事象を扱うことを意味します。ここでは，とびとびの離散的データから未来を予測する方法として，過去と現在という離散的データが連続した直線上にあり，その延長線上に未来があるものとして考えます。つまり，1歩1歩ステップを短くして，少しだけ先の未来を慎重に予測していく方法です。

図8.13 に示すように，時刻 t_1 という現在における位置を $x(t_1)$，未来であるつぎの時刻 t_2 の位置を $x(t_2)$，t_1 より過去の時刻 t_0 の位置 $x(t_0)$ と表しま

8.4 進む方向「未来予測」　　171

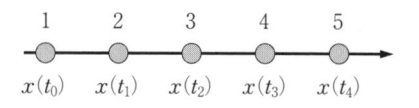

図8.13 離散的データ

す。未来と現在の位置の差となる $x(t_2) - x(t_1)$ という変化は，過去に経験した差 $x(t_1) - x(t_0)$ と同じであるとします。つまり，$x(t_2) - x(t_1) = x(t_1) - x(t_0)$ です。したがって，未来の位置 $x(t_2)$ は次式のように表せます。

$$x(t_2) = 2x(t_1) - x(t_0) \tag{8.17}$$

例えば，1秒間に1m進んできたのであれば，つぎの1秒間も1m進むだろうということを表しています。

◻ 離散データの取扱い方

図8.13で表す離散的なデータの取扱い方を以下のように具体的にみてみましょう。$x(t_0)$ の位置は，ある起点から測って1mの距離にあるとします。同様に，$x(t_1) = 2$m, $x(t_2) = 3$m, $x(t_3) = 4$m, $x(t_4) = 5$m であるとします。式 (8.17) を使って，これらの位置が求められるか計算してみましょう。まずは，$x(t_1) = 2$m, $x(t_0) = 1$m を代入すると，$x(t_2) = 2 \times 2 - 1 = 3$m となり，実際の距離と一致します。

では，$x(t_5)$ はどうでしょう。式 (8.17) における下付きの数字をそれぞれ $2 \rightarrow 5$, $1 \rightarrow 4$, $0 \rightarrow 3$ に書き換えればよいことがわかります。そうすると，$x(t_5) = 2 \times 4 - 3 = 5$m とちゃんと求められます。

このルールを一般的に書いてみましょう。求めたい未来の時刻を t_{n+1} と表し，現在の時刻を t_n, その一つ前の時刻を t_{n-1} と表します。n は整数で，カチャカチャと一つずつ繰り上がるカウンターだと思ってください。つまり，n は現在，一つ後の未来は $n+1$, 一つ前の過去は $n-1$ で表します。これらのルールを使うと，式 (8.17) は次式のように一般化されたものとして書き表せます。

$$x(t_{n+1}) = 2x(t_n) - x(t_{n-1}) \tag{8.18}$$

この式だけをみると,現在の位置情報を2倍の重みをつけて尊重したようにみえます。さて,このように一般化すると,n が36であっても100であっても,すぐその先の未来をみることができます。

◻ 速度を表す

さて,先の例では1秒間に1m進んできたということにしました。速度を v とすると,$v=1$ m/s となります。速度に時間を掛けるとその時間で進んだ距離になるので,距離 $x = v \times t = 1$ m が求まります。

ここで,1秒間に進んだ1mという距離を,現在と過去の関係から考えてみると,現在の位置と過去の位置との差,すなわち $x(t_n) - x(t_{n-1})$ ということになります。1秒間という時間間隔は $t_n - t_{n-1}$ となるので,時刻 t_n における速度 v は,ある時間で進んだ距離,すなわち,位置の時間変化率 $v(t_n)$ は次式のように表せます。

$$v(t_n) = \frac{x(t_n) - x(t_{n-1})}{t_n - t_{n-1}} \tag{8.19}$$

もし,この速度でつぎの時間間隔 $t_{n+1} - t_n$ を進んだとすると,その距離は $x(t_{n+1}) - x(t_n) = v(t_n)(t_{n+1} - t_n)$ です。したがって,t_{n+1} の時刻の位置 $x(t_{n+1})$ は,$x(t_{n+1}) = v(t_n)(t_{n+1} - t_n) + x(t_n)$ と求められます。さらに,式(8.19)より次式となります。

$$x(t_{n+1}) = \frac{x(t_n) - x(t_{n-1})}{t_n - t_{n-1}}(t_{n+1} - t_n) + x(t_n) \tag{8.20}$$

ここで,$x(t_n) - x(t_{n-1}) = x(t_{n+1}) - x(t_n) = 1$ s であると,式(8.20)は,$x(t_{n+1}) = x(t_n) - x(t_{n-1}) + x(t_n) = 2x(t_n) - x(t_{n-1})$ となり,式(8.18)と同じになります。つまり,現在の歩みの速度,それを計測した過去と現在の時間間隔をデータに持っていれば,現在から,ある時間後の未来を予測できるというわけです。

❒ 変化する速度の表現

速度の表現である式 (8.19) における時間間隔 $t_n - t_{n-1}$ を，例えば 1 s から 0.1 s，0.01 s，0.001 s，…のようにどんどん短くしていくと，距離の間隔 $x(t_n) - x(t_{n-1})$ も小さくなっていきます。つまり，過去から経つ時間が短ければ，進む距離も短いのです。この短い距離間隔を dx，短い時間間隔を dt と書き変えましょう。さて，時間を短くしていった先のことを数学的に書き表すと

$$\lim_{t_n - t_{n-1} \to 0} \frac{x(t_n) - x(t_{n-1})}{(t_n - t_{n-1})} = \frac{dx}{dt} = v \tag{8.21}$$

となります。これは，「時間をどんどん縮めていったときに距離はどうなるのかという距離の時間変化率を速度 v で表す」という意味となります。これを簡単に書くと dx/dt となるということなのです。

さて，$x(t_n)$ の記号の意味は，位置である x は時間 t で求められるという意味で，数学的には x は t の関数であるといいます。位置 x は時間 t を使ってどのように求められるのかというと，例えば，$x(t) = 2t + 1$ や $x(t) = 3t^2$ などと表します。これらは，時間 t が経つと位置 x は上式で書かれたルールで変わることを表しています。そのときの速度 v は，式 (8.21) を使って，$v = dx/dt = d(2t+1)/dt = 2$ や $v = dx/dt = d(3t^2)/dt = 3 \times 2t = 6t$ のように，x を t で微分して求めることになります。一つめの解の 2 は 2 m/s の一定速度を表し，二つ目の解の $6t$ は経過した時間 t の 6 倍で速度が増えていくということを表しています。式 (8.20) を書き換えると

$$x(t_{n+1}) = v(t_n)(t_{n+1} - t_n) + x(t_n) \tag{8.22}$$

となります。ここで，x が状態を表すなにか（位置，温度，気圧等）とすれば，現在の状態からある速度で未来に向かって進んでいることを表しています。

まとめ

過去と現在のデータを使って未来に起こる現象を予測することをみてきました。ただ，どのくらいまで遠い未来を予測できるかというと線形の関係を使う限りではそう遠い未来まではできません。近年の精度で持っているデータを使

えば明日の天気はなんとか予測できます。時間刻みを1億年でとれば，1億年前のデータを使って2億年後の世界を予測することはできます。しかし，その精度は1億年前のデータの精度に依存することになります。過去を調べることの意味がそこにあります。また，予測方法に関してもいろいろと工夫，研究されています。

コラム　デジャヴ

ある場面に遭遇したとき「あれ？　いつか見たことがあるぞ，あの人がもうすぐくしゃみをしてあの棚の上からモノが落ちてくる……」と思っているうちに「ほらそうなった」といった経験ありませんか？　これがデジャヴ（既視感）です。

この言葉があるということは，世界中で体験している人が多いということになります。過去に実際に体験したと記憶のその場面に遭遇すると，まるで自分が自分とはほかの第三者となってなりゆきを傍観しているという感覚です。夢を見ているわけではないので，もの凄く不思議な気持ちになります。「ひょっとすると自分には予知能力があるのではないか」などと思ったりします。

時間を行き来するタイムトラベラーや超能力者を題材とするSFや映画などで取り上げられることも多く，自分にもこのような能力があったらという願望もあってか，学問的に解き明かそうという試みが心理学，脳神経学などの分野でこれまでもなされてきました。しかし，いまのところこれという決定打がないままです。この原因は提唱された説を証明できないからです。

本書のように物理的に考えて証明することは可能でしょうか。われわれの人生が非線形変化をしているのであれば，初期値のわずかな違いが，その場の解にわずかな違いとして現れることも不思議ではありません。しかし，一本の解の線の上でしかわれわれは歩めないのだとすると，ほかの線の上で起こっていることはわからないので，このわずかな違いを見ることができません。いろいろな線を同時に歩んでいるとしたときに，たまたま以前乗っていた線がいまの線に交差したときに過去の記憶と同じものが見えるかもしれません。デジャヴはわれわれの世界の行く末をいろいろな可能性で考え直すための人類への暗示かもしれませんね。

あとがき

　ある日，女郎蜘蛛のネットに蛾がかかった瞬間に出くわしました。蜘蛛がバタバタと暴れる蛾にさっと近寄り，繰り出す糸で手早くグルグル巻きにしました。そのときの蜘蛛の手際のよさと素早さに，自然界における生き残りの術に対して畏敬の念すら覚えました。
　これに対して，蛾の立場に立ってみると，一旦ネットにかかるとなすすべなく蜘蛛の餌食となってしまう哀れさを感じ，これぞ弱肉強食の世界，自然界の厳しさを人間も思い返さなくては，と涙が目にあふれました（最近著者はなみだもろい）。……とその途端に，蛾がグルグル巻きにされたミイラのような姿から，なんと抜け出し飛び去りました。一体何が起こったんだと私が驚いていると，蜘蛛もやはり驚いたらしく，あれ？　って感じの顔をして，呆然としていました。ところがすぐ次の瞬間，蜘蛛はこんなことに慣れているらしく，さっと諦めなんとグルグル巻きに使った糸を食べ始めたではありませんか。見ている私は，えっ？　糸を食べて再利用するんだ，と思い，またある種の感動と小さな生き物の知恵に感動しました。蛾の方もいつもやられるわけではないぞということを実践で示してくれ，人間が思うほどか弱いものでもないらしいのです。この瞬間，先ほどとは逆に，せっかくの餌を取り逃がした蜘蛛が後始末をしている姿に憐れみを感じ，うまく逃げ出した蛾の術に生き抜くすごさに感動を覚えました。
　それと同時に蜘蛛の糸の粘り気と蛾のくっつき具合，蛾の羽の力強さ，蜘蛛の糸の成分，再生の仕方，蜘蛛の獲物獲得成功率，などを考えた自分は工学者だなと思いました。皆さんも身の周りの小さな自然に目を向け，いろいろな感動とともに科学的興味が湧いて，解明してみようというときに，本書が役立てられればこの上ない喜びです。

索引

【あ行】

足裏	60
アスペクト比	33, 44
イカ	120
イモ	86
イルカ	20
色	123, 136, 140
隕石衝突	162
ウイルス	104
美しさ	144
運動方程式	5, 28, 31, 49
栄養ドリンク	165
エネルギー	64, 164
オイラー数	146
黄金比	144, 150
オナモミ	82
尾ひれ	8

【か行】

カエル	4
カオス	167
カマキリ	126
カレーライス	64
カロリー	42, 66
カワセミ	22
環境	92
慣性モーメント	11, 153
擬態	114
気のう	44
吸水	70
空気抵抗	43, 52
クジラ	92
化粧	148
原形質流動	74
航空機	34
木の葉	29

【さ行】

ザゼンソウ	78
サッカーボール	106
サメ	14
仕事	64, 164
深海魚	94
新幹線	23
人口	166
スズメバチ	122
正多角形	104
生物模倣材料	88

【た行】

タイヤ	62
タコ	118
ダチョウ	52
多面体	106
ダンス	152
タンポポ	26
断面二次モーメント	36, 83
チーター	48
翼	34
ティラノサウルス	158
天気予報	169
テントウムシ	58
テンポ	152
毒	108

【な行】

内在力	108
虹色	141
ぬめり	12
粘土	2

【は行】

ハス	87
ハチの巣	96
撥水	86
発熱	78
葉っぱ	86
花びら	87
羽	34
翅	36
バネ	49
羽ばたき	38
バラ	87
はり	159
バルバス・バウ	20
光	137
ピサの斜塔	109
微分	168, 171
ファンデルワールス力	58
フィボナッチ数列	146
フィレット	34
風船	27
フック	82
フラクタル	100
ベルヌーイの式	71
放散虫	107
星型多角形	105

【ま行, や行】

マグロ	16
摩擦	12, 17, 57
マス	10
マナティー	92
マラソン	52
未来	170
ムササビ	30
面ファスナー	85
ヤモリ	56
揚力	31
予測	166, 170

【ら行, わ行】

螺旋	102
ラン	130
リズム	152
リブレット構造	15
レイノルズ数	2, 27, 71
ロータス効果	87
六角形	96
ロマネスコ	101
渡り鳥	42

―― 著者略歴 ――

1977 年　北海道大学工学部機械工学科卒業
1982 年　北海道大学大学院工学研究科博士後期課程修了（機械工学第二専攻）工学博士
1982 年　名古屋工業大学助手
1985 年　北海道大学講師
1987 年　北海道大学助教授
1990 年　メルボルン大学および南カリフォルニア大学研究員
2002 年　東洋大学教授
　　　　 現在に至る

物理の眼で見る生き物の世界
― バイオミメティクス皆伝 ―
Wonder World of Living Things in Physical Points of View
―Biomimetics―

© Osamu Mochizuki 2016

2016 年 3 月 25 日　初版第 1 刷発行　　　　　　　　　　　　　　★
2020 年 3 月 20 日　初版第 2 刷発行

検印省略	著　者	望　月　　修 (もちづき おさむ)
	発行者	株式会社　コロナ社
		代表者　牛来真也
	印刷所	萩原印刷株式会社
	製本所	有限会社　愛千製本所

112-0011　東京都文京区千石 4-46-10
発行所　株式会社　コロナ社
CORONA PUBLISHING CO., LTD.
Tokyo Japan
振替 00140-8-14844・電話(03)3941-3131(代)
ホームページ https://www.coronasha.co.jp

ISBN 978-4-339-06751-4　C3045　Printed in Japan　　　　　(鈴木)

<出版者著作権管理機構 委託出版物>
本書の無断複製は著作権法上での例外を除き禁じられています。複製される場合は，そのつど事前に，出版者著作権管理機構（電話 03-5244-5088，FAX 03-5244-5089，e-mail: info@jcopy.or.jp）の許諾を得てください。

本書のコピー，スキャン，デジタル化等の無断複製・転載は著作権法上での例外を除き禁じられています。
購入者以外の第三者による本書の電子データ化及び電子書籍化は，いかなる場合も認めていません。
落丁・乱丁はお取替えいたします。

技術英語・学術論文書き方関連書籍

まちがいだらけの文書から卒業しよう－基本はここだ！－
工学系卒論の書き方
別府俊幸・渡辺賢治 共著
A5／196頁／本体2,600円／並製

理工系の技術文書作成ガイド
白井 宏 著
A5／136頁／本体1,700円／並製

ネイティブスピーカーも納得する技術英語表現
福岡俊道・Matthew Rooks 共著
A5／240頁／本体3,100円／並製

科学英語の書き方とプレゼンテーション（増補）
日本機械学会 編／石田幸男 編著
A5／208頁／本体2,300円／並製

続 科学英語の書き方とプレゼンテーション
－スライド・スピーチ・メールの実際－
日本機械学会 編／石田幸男 編著
A5／176頁／本体2,200円／並製

マスターしておきたい 技術英語の基本－決定版－
Richard Cowell・佘 錦華 共著
A5／220頁／本体2,500円／並製

いざ国際舞台へ！ 理工系英語論文と口頭発表の実際
富山真知子・富山 健 共著
A5／176頁／本体2,200円／並製

科学技術英語論文の徹底添削
－ライティングレベルに対応した添削指導－
絹川麻理・塚本真也 共著
A5／200頁／本体2,400円／並製

技術レポート作成と発表の基礎技法（改訂版）
野中謙一郎・渡邉力夫・島野健仁郎・京相雅樹・白木尚人 共著
A5／166頁／本体2,000円／並製

Wordによる論文・技術文書・レポート作成術
－Word 2013/2010/2007 対応－
神谷幸宏 著
A5／138頁／本体1,800円／並製

知的な科学・技術文章の書き方
－実験リポート作成から学術論文構築まで－
中島利勝・塚本真也 共著
A5／244頁／本体1,900円／並製

日本工学教育協会賞
（著作賞）受賞

知的な科学・技術文章の徹底演習
塚本真也 著
工学教育賞（日本工学教育協会）受賞
A5／206頁／本体1,800円／並製

定価は本体価格＋税です。
定価は変更されることがありますのでご了承下さい。

図書目録進呈◆

辞典・ハンドブック一覧

農業食料工学会編
農業食料工学ハンドブック B5 1108頁 本体36000円

安全工学会編
安全工学便覧（第4版） B5 1192頁 本体38000円

日本真空学会編
真空科学ハンドブック B5 590頁 本体20000円

日本シミュレーション学会編
シミュレーション辞典 A5 452頁 本体9000円

編集委員会編
新版 電気用語辞典 B6 1100頁 本体6000円

編集委員会編
電気鉄道ハンドブック B5 1002頁 本体30000円

日本音響学会編
新版 音響用語辞典 A5 500頁 本体10000円

日本音響学会編
音響キーワードブック―DVD付― A5 494頁 本体13000円

電子情報技術産業協会編
新ME機器ハンドブック B5 506頁 本体10000円

編集委員会編
機械用語辞典 B6 1016頁 本体6800円

編集委員会編
制振工学ハンドブック B5 1272頁 本体35000円

日本塑性加工学会編
塑性加工便覧―CD-ROM付― B5 1194頁 本体36000円

精密工学会編
新版 精密工作便覧 B5 1432頁 本体37000円

日本機械学会編
改訂 気液二相流技術ハンドブック A5 604頁 本体10000円

日本ロボット学会編
新版 ロボット工学ハンドブック
―CD-ROM付― B5 1154頁 本体32000円

土木学会土木計画学ハンドブック編集委員会編
土木計画学ハンドブック B5 822頁 本体25000円

土木学会監修
土木用語辞典 B6 1446頁 本体8000円

日本エネルギー学会編
エネルギー便覧―資源編― B5 334頁 本体9000円

日本エネルギー学会編
エネルギー便覧―プロセス編― B5 850頁 本体23000円

日本エネルギー学会編
エネルギー・環境キーワード辞典 B6 518頁 本体8000円

フラーレン・ナノチューブ・グラフェン学会編
カーボンナノチューブ・グラフェンハンドブック B5 368頁 本体10000円

日本生物工学会編
生物工学ハンドブック B5 866頁 本体28000円

定価は本体価格+税です。
定価は変更されることがありますのでご了承下さい。

図書目録進呈◆

シミュレーション辞典

日本シミュレーション学会 編
A5判／452頁／本体9,000円／上製・箱入り

- ◆編集委員長　大石進一（早稲田大学）
- ◆分野主査　山崎　憲（日本大学），寒川　光（芝浦工業大学），萩原一郎（東京工業大学），矢部邦明（東京電力株式会社），小野　治（明治大学），古田一雄（東京大学），小山田耕二（京都大学），佐藤拓朗（早稲田大学）
- ◆分野幹事　奥田洋司（東京大学），宮本良之（産業技術総合研究所），小俣　透（東京工業大学），勝野　徹（富士電機株式会社），岡田英史（慶應義塾大学），和泉　潔（東京大学），岡本孝司（東京大学）

(編集委員会発足当時)

シミュレーションの内容を共通基礎，電気・電子，機械，環境・エネルギー，生命・医療・福祉，人間・社会，可視化，通信ネットワークの8つに区分し，シミュレーションの学理と技術に関する広範囲の内容について，1ページを1項目として約380項目をまとめた。

- I　共通基礎（数学基礎／数値解析／物理基礎／計測・制御／計算機システム）
- II　電気・電子（音　響／材　料／ナノテクノロジー／電磁界解析／VLSI設計）
- III　機　械（材料力学・機械材料・材料加工／流体力学・熱工学／機械力学・計測制御・生産システム／機素潤滑・ロボティクス・メカトロニクス／計算力学・設計工学・感性工学・最適化／宇宙工学・交通物流）
- IV　環境・エネルギー（地域・地球環境／防　災／エネルギー／都市計画）
- V　生命・医療・福祉（生命システム／生命情報／生体材料／医　療／福祉機械）
- VI　人間・社会（認知・行動／社会システム／経済・金融／経営・生産／リスク・信頼性／学習・教育／共　通）
- VII　可視化（情報可視化／ビジュアルデータマイニング／ボリューム可視化／バーチャルリアリティ／シミュレーションベース可視化／シミュレーション検証のための可視化）
- VIII　通信ネットワーク（ネットワーク／無線ネットワーク／通信方式）

本書の特徴

1. シミュレータのブラックボックス化に対処できるように，何をどのような原理でシミュレートしているかがわかることを目指している。そのために，数学と物理の基礎にまで立ち返って解説している。

2. 各中項目は，その項目の基礎的事項をまとめており，1ページという簡潔さでその項目の標準的な内容を提供している。

3. 各分野の導入解説として「分野・部門の手引き」を供し，ハンドブックとしての使用にも耐えうること，すなわち，その導入解説に記される項目をピックアップして読むことで，その分野の体系的な知識が身につくように配慮している。

4. 広範なシミュレーション分野を総合的に俯瞰することに注力している。広範な分野を総合的に俯瞰することによって，予想もしなかった分野へ読者を招待することも意図している。

定価は本体価格+税です。
定価は変更されることがありますのでご了承下さい。

図書目録進呈◆

ロボティクスシリーズ

(各巻A5判，欠番は品切です)

- ■編集委員長　有本　卓
- ■幹　　　事　川村貞夫
- ■編集委員　石井　明・手嶋教之・渡部　透

配本順	書名	著者	頁	本体
1.（5回）	ロボティクス概論	有本　卓編著	176	2300円
2.（13回）	電気電子回路 ―アナログ・ディジタル回路―	杉田進彦・山中克章・小西聡 共著	192	2400円
3.（12回）	メカトロニクス計測の基礎	石井明・木股雅章・金子透 共著	160	2200円
4.（6回）	信号処理論	牧川方昭著	142	1900円
5.（11回）	応用センサ工学	川村貞夫編著	150	2000円
6.（4回）	知能科学 ―ロボットの"知"と"巧みさ"―	有本　卓著	200	2500円
7.	モデリングと制御	平井慎一・坪内孝司・秋下貞夫 共著		
8.（14回）	ロボット機構学	永井清・土橋宏規 共著	140	1900円
9.	ロボット制御システム	玄相昊編著		
10.（15回）	ロボットと解析力学	有本卓・田原健二 共著	204	2700円
11.（1回）	オートメーション工学	渡部　透著	184	2300円
12.（9回）	基礎福祉工学	手嶋教之・米本清朗・相川良紀・相佐　 糟 共著	176	2300円
13.（3回）	制御用アクチュエータの基礎	川村貞夫・野方誠・田所諭・早松弘裕・松浦恭貞 共著	144	1900円
15.（7回）	マシンビジョン	石井明・斉藤文彦 共著	160	2000円
16.（10回）	感覚生理工学	飯田健夫著	158	2400円
17.（8回）	運動のバイオメカニクス ―運動メカニズムのハードウェアとソフトウェア―	牧川方昭・吉田正樹 共著	206	2700円
18.（16回）	身体運動とロボティクス	川村貞夫編著	144	2200円

定価は本体価格+税です。
定価は変更されることがありますのでご了承下さい。

図書目録進呈◆

新版 ロボット工学ハンドブック

日本ロボット学会 編
（B5判／1,154頁／本体32,000円）
CD-ROM付

編集委員長　増田良介（東海大学）

刊行のことば

「ロボット工学ハンドブック」が刊行されてからすでに15年が経過しようとしています。ロボット工学の分野はこの間飛躍的な進歩を遂げてきており、このたび、現代のロボット工学・技術に対応すべく全面的に改訂を行った「新版ロボット工学ハンドブック」を刊行することになりました。旧版の発行より十年余の間にヒューマノイドロボット、ペットロボット、福祉ロボットなどが登場し、加藤一郎前委員長の予測が徐々に現実のものとなりつつあります。これはコンピュータをはじめとする関連技術の進歩もありますが、ロボット研究者・技術者のたゆまぬ地道な努力に支えられたものにほかなりません。そして「ロボット工学ハンドブック」もその発展の一助になってきたと考えられます。

本ハンドブックは旧版と同様に、専門家だけでなく幅広い読者を対象としたものです。そしてロボットの専門分野とともに学際的な知識が得られるように配慮して構成し、今後の発展が期待されるロボットの先進的な分野や応用分野についてもできる限り網羅的に収録しています。本書は、ロボットに関連するあらゆる分野のさらなる発展に資することが期待されます。

主要目次

〔第1編：基礎〕ロボットとは／数学基礎／力学基礎／制御基礎／計算機科学基礎，〔第2編：要素〕センサ／アクチュエータ／動力源／機構／材料，〔第3編：ロボットの機構と制御〕総論／アームの機構と制御／ハンドの機構と制御／移動機構，〔第4編：知能化技術〕視覚情報認識／音声情報処理／力触覚認識／センサ高度応用／プラニング／自律移動，〔第5編：システム化技術〕ロボットシステム／モデリングとキャリブレーション／ロボットコントローラ／ロボットプログラミング／シミュレーション／操縦型ロボット／ヒューマンインタフェース／ロボットと通信システム／ロボットシステム設計論／分散システム／ロボットの信頼性，安全性，保全性，人間共存性，〔第6編：次世代基盤技術〕ヒューマノイドロボット／マイクロロボティクス／バイオロボティクス，〔第7編：ロボットの製造業への適用〕インダストリアル・エンジニアリング／製造業におけるロボット応用／各種作業とロボット／ロボットを取り巻く法律等，〔第8編：ロボット応用システム〕製造業以外の分野へのロボット応用／医療用ロボット／福祉ロボット／特殊環境・特殊作業への応用／研究・教育への応用，〔資料〕

本書の特長

1990年版発行から十余年のロボット関連の研究・開発・応用の進展に対応するため、350ページ増を含めて全面改訂／ヒューマノイドロボット、マイクロ・ナノロボット、医療・福祉ロボットなど新しいテーマについて解説を収録／ロボット応用（製造業）では経営システム工学の専門家の協力を得て生産管理の面から応用まで体系的に解説／各編の内容を10ページに要約して紹介し、ハンドブック全体の内容を短時間に把握可能として使いやすさを実現／ハンドブックを起点に発展的に活用できるよう参考文献を充実／CD-ROMに本文で紹介の写真・図や関連の動画とともに、詳細目次・索引，1500語の英日対応用語集などを収録し、多岐に利用できるようにした。

定価は本体価格＋税です。
定価は変更されることがありますのでご了承下さい。

図書目録進呈◆

バイオテクノロジー教科書シリーズ

(各巻A5判)

■編集委員長　太田隆久
■編集委員　相澤益男・田中渥夫・別府輝彦

配本順		書名	著者	頁	本体
1.	(16回)	生命工学概論	太田隆久 著	232	3500円
2.	(12回)	遺伝子工学概論	魚住武司 著	206	2800円
3.	(5回)	細胞工学概論	村上浩紀・菅原卓也 共著	228	2900円
4.	(9回)	植物工学概論	森川弘道・入船浩平 共著	176	2400円
5.	(10回)	分子遺伝学概論	高橋秀夫 著	250	3200円
6.	(2回)	免疫学概論	野本亀久雄 著	284	3500円
7.	(1回)	応用微生物学	谷吉樹 著	216	2700円
8.	(8回)	酵素工学概論	田中渥夫・松野隆一 共著	222	3000円
9.	(7回)	蛋白質工学概論	渡辺公綱・小島修二 共著	228	3200円
10.		生命情報工学概論	相澤益男 他著		
11.	(6回)	バイオテクノロジーのためのコンピュータ入門	中村春木・中井謙太 共著	302	3800円
12.	(13回)	生体機能材料学 ― 人工臓器・組織工学・再生医療の基礎 ―	赤池敏宏 著	186	2600円
13.	(11回)	培養工学	吉田敏臣 著	224	3000円
14.	(3回)	バイオセパレーション	古崎新太郎 著	184	2300円
15.	(4回)	バイオミメティクス概論	黒田裕久・西谷孝子 共著	220	3000円
16.	(15回)	応用酵素学概論	喜多恵子 著	192	3000円
17.	(14回)	天然物化学	瀬戸治男 著	188	2800円

定価は本体価格+税です。
定価は変更されることがありますのでご了承下さい。

図書目録進呈◆